海州湾东西连岛环境监测研究

卢　霞　张德利　王晓静　著

海洋出版社

2017年·北京

图书在版编目（CIP）数据

海州湾东西连岛环境监测研究/卢霞，张德利，王晓静著.
—北京：海洋出版社，2016.12

ISBN 978-7-5027-9688-4

Ⅰ.①海… Ⅱ.①卢… ②张… ③王… Ⅲ.①岛–海洋环境–
环境监测–研究–江苏 Ⅳ.①X321.253

中国版本图书馆 CIP 数据核字（2017）第 019396 号

责任编辑：张 荣
责任印制：赵麟苏

海洋出版社 出版发行

http://www.oceanpress.com.cn

北京市海淀区大慧寺路 8 号 邮编：100081
北京朝阳印刷厂有限责任公司印刷 新华书店发行所经销
2017 年 7 月第 1 版 2017 年 7 月北京第 1 次印刷
开本：787mm×1092mm 1/16 印张：14
字数：310 千字 定价：58.00 元
发行部：62132549 邮购部：68038093 总编室：62114335
海洋版图书印、装错误可随时退换

前　言

《全国海岛保护规划（2011—2020）》明确提出我国海岛存在一些突出问题，如海岛基础资料匮乏、海岛管理不足、人居环境有待改善、海岛生态环境的保护压力较大等。《全国海岛保护工作"十三五"规划》是对《全国海岛保护规划》的细化和深化，其中明确提出开展"生态岛礁"工程、监视监测系统建设、海岛生态本底调查与物种登记试点、历史遗留用岛调查与管理四大工程建设。在我国建设"海洋强国"的战略需求下，通过《全国海岛保护规划（2011—2020）》和《全国海岛保护工作"十三五"规划》的制定，我们清醒地意识到海岛生态文明建设已迫在眉睫，这对于保障海岛生态安全、权益安全和提升海岛对社会经济发展贡献率具有极其重要的意义。

海岛是我国领土的重要组成部分，是联结内陆和海洋的"岛桥"，是海洋开发的前哨和基地，具有优越的地理位置和特殊的战略位置，在实施海域管理、资源和权益管理上有着重要的支柱作用。

东西连岛又名鹰游岛，位于连云港市连云区以北的海面，是江苏省第一大岛，也是连云港的天然屏障，地处欧亚大陆桥头堡的前哨，内引外联的前沿阵地，经济发展地位极其重要。连接海岛和陆域港区的西大堤总长为 6.7 km，于 1993 年完工。西大堤的建成，使东西连岛与大陆相连，连岛南岸—西大堤以东的岸线成为大型港区的一部分，投资环境得以改善，区位条件的变化也将有利于发展依托港口为港口服务的产业以及海滨旅游业等。

本书以海州湾东西连岛为研究对象，开展海岛陆域和周围海域的环境监测研究。全书共分 9 章，第 1 章"研究区概况"；第 2 章"东西连岛土地利用动态变化遥感监测研究"；第 3 章"东西连岛陆域土壤质量监测研究"；第 4 章"东西连岛陆域植被叶绿素含量的高光谱反演"；第 5 章"东西连岛生态环境监测与分析"；第 6 章"东西连岛港池地层划分研究"；第 7 章"东西连岛海域表层沉积物重金属污染监测研究"；第 8 章"东西连岛海域水体光谱反射率监测研究"；第 9 章"东西连岛交通环境通达度监测研究"。

本书各章节的编写注重内容的完整性与系统性，结构严谨、层次清楚、文字简练。第 3、4、6、7、8 章由卢霞撰写；第 2、9 章由张德利撰写；第 1、5 章由王晓静撰写。全书由王晓静、张德利统稿，卢霞定稿。

　　本书在编写过程中，得到了江苏省高校优势学科"海洋科学与技术"项目、海洋科学博士点培育学科建设工程项目、测绘科学与技术硕士点增点学科建设工程项目、国家自然科学基金青年科学基金项目（编号：41506106）和连云港市科技计划重点研发计划项目（CN1510）的出版资助，并在项目部分研究成果基础上，进行系统总结和提炼而成。在编写和出版的过程中，得到淮海工学院测绘与海洋信息学院领导的全力支持和帮助，得到淮海工学院测绘与海洋信息学院张元琳、李楠、管增智、汪永翔、张佩佩等同学的大力帮助，还得到海洋出版社张荣编辑的大力支持，特在此表示衷心的感谢。另外，本书的编写，还参考和吸收了大量的国内外有关文献的部分内容和相关专题的技术思路，文献资料均在后面参考文献中逐一列出，在此向文献作者表示诚挚的感谢。

　　由于海岛陆域和周围海域的环境调查与监测研究方面的基础资料相对较少，很多方面都属于初次探索，错误与不妥之处在所难免，恳请专家学者、同行与读者们批评指正。

作者
2017 年 3 月

目　录

1 研究区概况

1.1 海州湾概况

1.1.1 自然地理概述

海州湾因邻近海州而得名。海州湾主要分布在江苏省连云港市沿岸，山东省日照市南部海岸也邻接海州湾。湾口北起山东省日照市岚山镇的佛手咀（35°05′55″N，119°21′53″E），南至江苏省连云港市连云港区的高公岛（34°45′25″N，119°29′45″E），面临黄海，宽42 km，岸线长 86.81 km。海湾面积为 876.39 km²，其中 0 m 以深面积 687.9 km²，5 m 以深水域面积 340.67 km²，10 m 以深面积为 63.01 km²，最大水深为 12.2 m。海岸类型主要是粉砂淤泥质海岸，其次是基岩海岸和砂质海岸。

海州湾南北两侧地貌：北有老爷顶、南有云台山扼守；两侧主要冲海积平原，其次为剥蚀平原，沿岸入湾河流有绣针河、龙王河、青口河、新沭河、蔷薇河，后二者汇合后称临洪河（图 1-1），临洪河实际最大流量为 3 070 m³/s。河流流量的季节变化较大，年平均径流入海量为 17×10⁸ m³，带来了丰富的营养盐类，海域开阔，但水深不大，低潮线以下海底为下岸坡，生物资源丰富。

海州湾内有秦山岛、东西连岛等岛屿，湾口外有平山岛、达山岛和车牛山岛；这些岛屿均为基岩型岛屿。海湾沿岸交通方便，通过陇海铁路横穿中国中部，连接京沪、京广等线，公路四通八达；连云港和岚山港均为开放港口，连云港与 70 多个国家和地区有贸易往来；另外还有运河沟通连云港与徐州。

1.1.2 水文特征

1.1.2.1 潮汐

海州湾近岸海域属于正规半日潮型海域，判别指数为 0.37，年平均潮差在 3.3 m 左右。这里的潮汐往往受以无潮点为出发点的向前运动波的干扰，这里的向前运动的波属于旋转潮波，波浪以东西方向移动为主。此外，受沿岸水深较浅和涨落潮经过时长有差别的影响，涨潮经历的时长要小于落潮经历的时长。

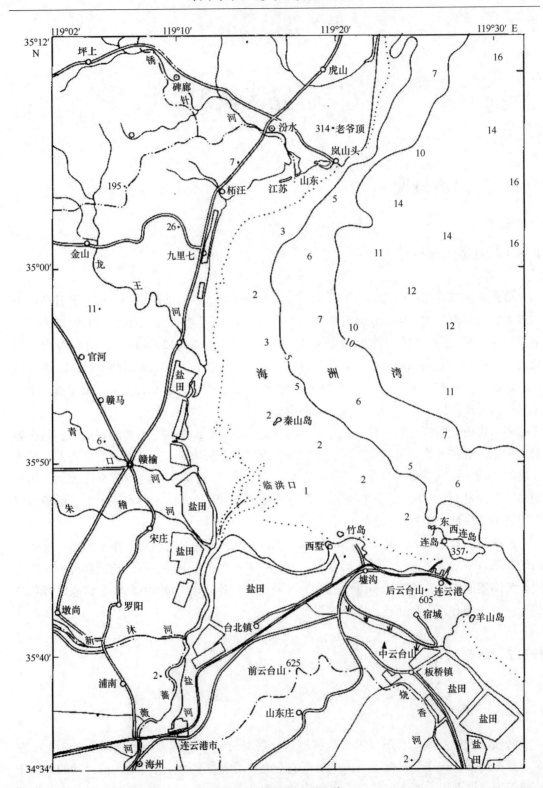

图1-1 海州湾地形地貌

1.1.2.2 潮流

海州湾近岸海域属于半日潮型海域，涨潮时海水从东北方向向着西南方向流动，落潮时海水从西南方向向着东北方向流动。因为受到周围小岛干扰的缘故，潮流在近海区大多以往复流为主，但在远海大多以旋转潮波为主。

1.1.2.3 波浪

海州湾近岸海域的波浪主要类型是浅海风浪。海州湾近岸海域中的涌浪大多是涌入东北方向的波浪，而风浪大多是涌入东北偏北方向的波浪。此海区波浪的平均周期最小时发生在 5—6 月期间，最大时发生在 9 月期间。

1.1.3 气候特征

受海洋因素的影响，海州湾气候为湿润的季风气候，特点十分明显，每年的降雨量达到了 1 000 mm，四季分明。平均每年有 220 d 左右的无霜期，年均气温为 14℃ 左右，光照充足，东南风为主导风向。

1.1.4 地形地貌

海州湾（如图 1-2）是苏北坳陷覆盖深厚的第四纪沉积物。经过复杂演变过程，形成了现代海岸的地貌形态。从北到南大致可分以下 3 个岸段。

北段（绣针河口—兴庄河口）是砂质平原海岸，长大约为 27 km，潮间带滩宽约 1 km，海滩物质主要是极细的石英砂，岸线呈南—西—南走向；中段（兴庄河口—西墅）是淤泥质平原海岸，长度约为 26 km，潮间带滩宽约为 3~6 km，青灰色粉砂淤泥是主要组成物质；南段（西墅—烧香河北口）为基岩海岸，长大约 44 km。海岸线蜿蜒曲折，海滩狭长且窄，主要是中细砂海滩，有些是淤泥质海滩。

1.2 东西连岛概况

1.2.1 地理位置

海岛作为海上的陆地，具备丰富的海陆资源。岛屿有的可以建设深水良港，有的可以利用自然景观，发展旅游，有的可以开发海水养殖等。海岛在国防建设、经济开发区建设、资源保护区及海洋开发基地建设等方面发挥重要作用。江苏省共有海岛 16 个，而连

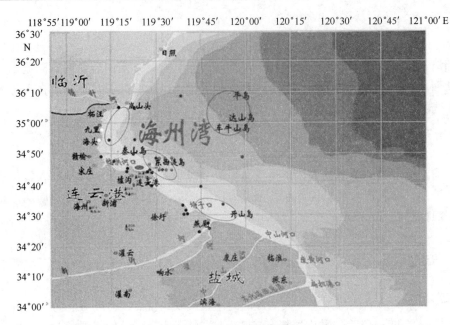

图 1-2　海州湾海域地形

云港市拥有其中的 14 个，岛屿总面积为 1 200 亩①，岛屿海岸线长 30.6 km。其中主要的有东西连岛、平岛、达山岛、车牛山岛、竹岛、羊山岛和秦山岛等。东西连岛位于连云港市连云区以北的海面（图 1-3），是江苏省第一大岛，地处欧亚大陆桥头堡的前哨，内引外联的前沿阵地，经济发展的地位极其重要。连接海岛和陆域港区的西大堤总长为 6.7 km，于 1993 年完工。西大堤的建成，使东西连岛与大陆相连，连岛南岸—西大堤以东的岸线成为大型港区的一部分，投资环境得以改善，区位条件的变化也将有利于发展依托港口为港口服务的产业以及海滨旅游业等。

东西连岛由东、西二岛并连组成，曾用名东西连岛、鹰游山、嘤游山。海岛东部最高点的地理位置为 34°45′24.2″N、119°28′34.6″E，西距北崮山黄石嘴约 6.8 km。岛体呈东南至西北走向，长约 5 860 m，宽约 1 910 m。通过 2010 年 11 月江苏省测绘工程院在对该岛进行海岛地名普查，现场根据平均高潮位线的位置，采用 GPS-RTK 测量得出该岛目前的岸线长为 17.5 km（注：2007 年 908 项目通过图解确定的海岛岸线长度为 16.79 km；20 世纪 80 年代初第一次全国海岛调查确定的岸线长度为 17.659 1 km），求得岛体陆域面积为 6.1 km²[注：2007 年 908 项目的海岛（含滩涂）面积为 6.144 2 km²；20 世纪 80 年代初第一次全国海岛调查确定的面积（含滩涂）为 6.991 8 km²]，通过江苏省似大地水准面拟合求得的海岛最高点海拔高程为 357.2 m。

---

① 亩为非法定计量单位，1 亩 ≈ 0.066 7 hm²。

图 1-3 海州湾东西连岛地理位置

1.2.2 海岸类型

连岛位于后云台山以北,是江苏省最大的基岩岛。连岛潮间带类型主要有砂质海滩、岩滩、粉砂淤泥质滩(潮滩)、砾石滩四种。砂质海滩主要分布于东西连岛东部的苏马湾和大沙湾以及羊窝头以西三处;潮滩主要分布于西大堤两侧,呈淤积态势,近年来因为吹填作用,潮滩面积快速增加,现约 5.93 km²;岩滩主要分布于东部和北部,北部的西山到东南角羊窝头一线主要是以岩滩为主(大沙湾和苏马湾砂质海滩除外)面积大约 0.16 km²;砾石滩主要分布于岛南部,面积较小约 0.09 km²。东西连岛岸线整体处于稳定状态,西北部和东南部分区域受到风浪侵蚀比较明显,筑有防波墙;西大堤两侧淤积严重。

1.2.3 气候特征

连岛位于海州湾畔,地处暖温带的边缘,属于向亚热带过渡的季风海洋性气候。因为海洋对连岛气候的影响较大,冬季不寒冷,夏季不炎热,适温期长。年平均气温为 14℃,

5

1月气温最低，均温1.1℃；8月气温最高，均温26.8℃，雨季和旱季分明。

因连岛受到山地和海陆交界的双重作用，风向很有特点，在每年3—10月，偏东风较多，秋末至冬季偏西风较多。正常情况下，白天吹海风，夜晚吹陆风。风向有向岸和离岸转换的原因使海陆不同垫面的热量特征存在差异。不同季节海陆风出现的机会是不同的，通常情况下夏季海风多，冬季海风少。

由于受到海洋大气的影响，气候宜人，四季分明，为一级舒适指数岛地，有着开发世界级旅游地的气候条件。连岛年平均降水量为890 mm，年平均气温为15℃，无霜期平均为210 d。雨季和旱季较为明显，气候不冷不热，不干不湿，温和适中。岛上空气清新，国家级标准海水游泳水温长达80 d，国际标准游泳水温46 d。

1.2.4　植被

由于南北过渡的气候条件和地貌类型的多样性，东西连岛有利于发育一个兼具南北特性的植物种群体系。连岛植被有针叶林、针阔混交林、落叶阔叶林、竹林、灌丛、草丛及滨海沙生植被7个类型，分布有84科243属370多种植物，主要有：黑松、赤松、麻栎、栓皮栎、化香、刺槐、黄连木、野茉莉、黄檀、盐肤木、山合欢、柘树、白檀、野蔷薇、茅莓、崖椒、野山楂、扁担木、算盘子、达呼里胡枝子、细梗胡枝子、海州常山、大叶胡颓子、牡荆及单叶蔓荆等。草本植物有白茅、野古草、牡荆及山合欢等。

在连岛北岸的大沙湾沙滩及苏马湾沙滩，面积约0.2亩和0.6亩，为滨海沙生植被分布区，计约14科24属25种，典型种类有砂引草、矮生苔草、筛草、肾叶天剑、葡茎苦菜、单叶蔓荆、滨海香豌豆、沙滩黄芩等，连岛沙生植被中一年生活型植被及多年生地下芽生活型植被的种类系数均为32.7%，占优势地位。苏马湾沙生植被群落类型比较典型、完整、发育良好、生态系列清楚。从近水沙滩裸地到内陆顺序排列，除散生的砂引草和无翅猪毛草外，有矮生苔草、砂引草群落；筛草群落、筛草、单叶蔓荆群落等。各群落的盖度、土壤有机质含量及水分含量都是由低到高顺序递增。沙生土壤有机质积累极少，由严重缺水，沙生植被的演替速度缓慢。

1.2.5　土壤

连云港地区的地带土壤类型为棕壤，大多为酸性变质岩因为风化形成成土母质。由于连岛上大多为山脉，所以东西连岛土壤类型为山地棕壤，土壤上层多为棕色，下层多为黄棕色和棕褐色。土层较为深厚，但土壤分层效果不明显，土壤中夹杂的沙砾较多。由于棕壤水分和热量条件较好，有机质能够迅速地得到分解，动植物腐殖质含量较高，土壤养分含量很丰富，肥力很高，有利于农业耕作和森林树木的生长。

1.2.6　潮汐

研究区地处江苏东北部的海州湾海域的东西连岛海域，受南黄海旋转性驻波系统的控制，属非正规半日潮型，平均潮差为 3.38 m，潮差较大，属于强潮海域。研究区潮流流速由北向南，由近岸向外海逐渐减小，涨潮流速一般大于落潮流速。全年盛行 NE 向的浪，频率为 39%；常浪向 NE，频率为 25%；强浪向为 NNE，平均波高为 0.52 m，最大波高 4.6 m。与此同时，研究海域的潮波会发生变形，涨落潮的历时不等。落潮历时大于涨潮历时。

1.2.7　波浪

连云港海域的波浪以风浪为主，以涌浪为主的混合波浪次之。风浪与涌浪的分布比例约为 63% 和 28%。从波高大小来看，平均波高约为 0.5 m，其中，以偏北向为最大。从波向来看，该海域的常浪向为 NE 向，出现的频率是 25%；次之为 E 向，出现的频率是 18%；强浪向为偏北向，1.5 m 以上的波高，NNE 与 NE 出现频率分别为 2.13% 和 1.79%。冬季的平均波高略大于春季，最大波高在 9 月后出现，最小波高出现在夏季；波形以混合浪为主。

1.2.8　海流

东西连岛附近海域，涨潮期间的流向为偏 W 向，落潮期间的流向为偏 E 向。流速分布由北向南逐渐减弱、涨潮期间的海流流速大于落潮期间的海流流速。涨潮期间海流的最大流速为 107 cm/s，流向为 231°；落潮期间的海流最大流速为 65 cm/s，流向为 74°。涨潮流的历时比落潮流的历时短 1~2 h；但东西连岛西南侧，涨潮流历时比落潮流历时长 1~2 h。

1.2.9　区域地质概况

东西连岛的地质构造及地形地貌非常复杂。该岛的地貌特征：剥蚀山地，岩层裸露以及少量沉积物覆盖。岩石类型为中度变质的片麻岩类岩层，主要是混合岩化的白云母片麻岩、白云母斜长石片麻岩等。这类岩石颜色清淡但质地坚硬。岛上断裂、褶皱等构造发育良好，加上海浪的长期冲蚀，全岛到处可见海蚀崖，由于沿岸缺少物质来源，海滩发育较差。

东西连岛的四周以陡崖为主，崖前水深 3~5 m，有一个水下平台，现代高潮位处有一层海蚀穴。海蚀穴沿岩层层面发育。在高潮位以上，有高程为 4 m、7 m、20 m 和 40 m 等数级海蚀阶地和海蚀穴。如大堂东有海蚀穴二层，穴顶呈弧形，表面多蜂窝状浪花风化而成的小圆穴。高程为 20 m 的海蚀阶地分布在岛北坡的一些岬角及西连岛上。40 m 的海蚀阶地分布在老虎洞岬角、大山顶北坡及灯塔山等处。

整个东西连岛的岸线以海蚀为主，海蚀海岸占据了全岛岸线的 92%。沿海峡的岸线均为侵蚀岸。这种迹象表明，在连岛和陆地之间的海峡，无泥沙来源，因此，选用东西连岛与陆地之间的区域作为港口，是非常合适的。

1.2.10　东西连岛周围海域沉积物

东西连岛周围海域的沉积物以粉砂质黏土为主，棕灰至深灰色，松软、可塑，表层有 1~2 cm 的浮泥，呈现流动状。沉积物中，黏土为 47.9~76.3%（平均 60.7%）、粉砂为 20.6~46.4%（平均 33.2%）、砂为 0.1%~12.0%（平均 4.4%），含贝壳碎片和有机质；中值粒径 7.70~10.25Φ，平均为 9.05Φ，四分位标准离差为 1.71~2.88，平均 2.21，即分选中常至差；四分位偏态 0.0~0.73，平均为 0.11。

参考文献：

陈祥锋, 贾海林, 刘苍宇. 连云港南部近岸带沉积特征与沉积环境 [J]. 华东师范大学学报（自然科学版）, 2000, 1: 74-81.

杜国庆, 邹怡. 东西连岛开发及规划构想 [J]. 南京大学学报, 1993, 29（4）: 690-696.

范恩梅, 陈沈良, 张国安. 连云港近岸海域沉积物特征与沉积环境 [J]. 海洋地质与第四纪地质, 2009, 29（2）, 33-40.

范恩梅. 连云港近岸海域水沙运动与动力沉积研究 [D]. 华东师范大学学位论文, 2009.

彭俊, 陈沈良. 连云港近岸海域沉积物特征与沉积环境分析 [J]. 海洋科学进展, 2010, 28（4）: 445-454.

苏进. 连云港市海洋开发布局研究 [D]. 南京师范大学硕士学位论文, 2007.

王艳. 连云港市土地生态安全动态评价和体系建设的研究 [D]. 南京大学地理与海洋科学学院, 2011.

颜新文, 吴松华. 东西连岛南北兵 [J]. 国防, 2001（11）: 49-50.

赵新生, 张彦彦, 许海蓬, 等. 基于机载与高分遥感数据的连云港市东西连岛周边围填海分析 [J]. 海洋科学, 2015, 39（2）: 98-103.

2 东西连岛土地利用动态变化遥感监测研究

2.1 研究目的和意义

随着国际新海洋法制度的建立和我国对外开放政策的执行，海岛的地位与日俱增。1994 年生效的《联合国海洋法公约》规定了海岛的法律地位。海岛对于沿岸国的重要性已不限于海岛自身的经济价值和军事价值，而已直接关系到沿岸国管辖水域范围的划分、海洋法制度和海洋权益的确立。我国是海洋大国，岛屿众多，海岛资源丰富，不仅是我国海洋经济与社会发展的重要依托，还对维护国家海洋权益和国防安全具有重大意义。

美国全球环境变化委员会（USSGCR）将土地覆被定义为"覆盖着地球表面的植被及其他特质"。土地利用变化是指一种土地利用方式向另一种土地利用方式的转变以及利用范围、强度的改变。土地覆盖的变化实际上就是土地利用变化的最直接响应。

海岛是开发海洋产业的主要基地，实际上是人口—资源—经济—环境系统运行较为紧张的区域。开展海岛土地利用变化监测研究，在摸清海岛土地资源家底的基础上，揭示海岛土地资源的空间分布规律和时空变异特征，探讨海岛土地利用方面可能存在的问题，将为全面、合理地开发利用海岛土地资源，制订海岛资源的综合开发规划，为海岛经济发展、国土整治、海岛管理提供基础资料和科学指导。

东西连岛是江苏省最大的海岛，自 1993 年建成东西大堤，将东西连岛与连云港区连接起来后，海岛土地利用方式发生了较大的变化，这种变化不可避免地带来了海岛生态环境的变化。本书利用高空间分辨率遥感影像和地理信息系统技术开展东西连岛的土地利用变化的研究，可为东西连岛在大力发展海洋经济的同时，更好地保护海岛生态环境提供建议。

2.2 国内外研究现状

2.2.1 国内研究现状

当前，国际上对海岛的定义不统一，不同国家和不同学科对海岛的定义存在差异。1982 年《联合国海洋法公约》第 121 条明确了海岛的法学定义为"四面环水，并在高潮时高于水面的自然形成的陆地区域"。

我国在 1958—1960 年，开展全国海洋综合普查；1980—1986 年，进行全国海岸带和海涂资源的综合调查，此时对海岛开展第一次调查；1988—1995 年，开展全国海岛资源的第二次综合调查。20 世纪 90 年代后，海岛开发活动加剧，一定程度上改变了海岛的资源环境条件，破坏了海岛的自然景观，还降低了海岛滩涂湿地调节气候、抵御风暴潮的能力。2003 年 9 月，全国开展近海海洋综合调查工作，全面更新海岛调查资料，推动海岛资源环境开发和保护的协调发展。

随着科学技术的发展，遥感技术已成为海岛土地利用调查的主要手段。李晓敏利用 Landsat-5 TM 影像、Landsat-7 ETM+影像和 SPOT-5 影像开展了广东省东海岛土地利用变化及影响因素分析。研究结果表明：20 多年间，东海岛的土地利用发生了较大变化；各个土地利用类型的转化受海岸区位的影响较大，距海越近，海岸特征地类的变化越明显；导致东海岛土地利用类型变化的首要驱动因素是海岛人口增长和海岛经济发展。金宇洁通过对海岛地区土地利用/土地覆被变化的研究，分析海岛地区土地利用的变化趋势，选取表征海岛地区空间特征的土地利用变化驱动因子，基于 CLUE-S 模型，对海岛地区未来土地利用格局变化进行了模拟。研究结果可为海岛地区经济社会发展战略与政策制定提供参考。张耀光等通过 1986—2004 年大长山岛的土地利用遥感影像计算出各阶段的土地利用综合指数，从而得到大长山岛处于发展期的结论。在海岛生态环境方面，王耕利用大连市 2005 年遥感影像和 GIS 技术生成大连海洋岛土地利用专题图，通过网格化处理的生态风险指数进行生态风险空间分布分析，得出人类活动影响生态安全的结论。李利红等利用 SPOT-5 卫星遥感影像分析西门岛土地利用分类，并加入多尺度纹理信息提高了海岛土地利用分类的精度。吴涛等以 1989 年、2001 年和 2012 年三期遥感影像为数据源，利用 RS 和 GIS 技术提取南澳岛土地利用变化情况，多方面分析南澳岛的土地利用变化，为海岛资源开发利用及生态保护提供参考。隋玉正等利用高分辨率遥感数据结合实地，对 2004 年、2008 年和 2010 年三期浙江洞头县 43 个岛屿的相关数据进行研究，分析得出土地利用类型发生了巨大变化。邹亚荣采用 SPOT5 卫星遥感数据对东沙岛土地利用开展遥感调查研究。

2.2.2　国外研究现状

国外有关土地利用变化的研究成果较多，例如基于遥感数据的美国 LUCC 体系，"国际地圈生物圈计划"（IGBP）和"国际全球环境变化人文因素计划"（IHDP）共同提出了《LUCC 研究策略》。大量的研究工作是借助不同的遥感数据源，探析对土地利用变化的各方面的影响。Mialhe F 等基于 1976—1996 年的 TM 影像分析，对菲律宾棉兰老岛进行描述和解释土地覆盖变化，阐明了土地利用变化的原因和结果。

国内外很多学者在土地利用变化研究方法方面进行了很多尝试。目前，用来观测土地利用变化的方法主要有以下几个模型。

（1）转移矩阵（马尔科夫模型）：转移矩阵可以全面刻画研究区域土地利用变化的特征与类型的变化方向，矩阵数值表示转移面积占陆域面积的百分比。

（2）土地利用结构信息熵指数（H）：用来描述土地利用结构的分异程度和随机程度。H 值越高，意味着土地利用结构混乱或分散。

（3）高光谱法：高光谱土壤遥感可以提供土壤表面状况和性质的空间信息以及空间差异性。高光谱分辨率数据和高空间分辨率相结合的光谱混合模型，可描述地表组成成分数量和分布特点。

（4）CLUE-S 模型：CLUE-S 模型能够模拟单一单元的土地利用特征类型，也能模拟土地变化的情景。

从以上国内外研究现状及水平来看，关于土地利用变化数据获取的方法也越来越多，且愈为精确。借助日益创新的新技术，我们能够更及时准确地掌握海岛土地变化的相关数据，也能够更加了解海洋生产和环境安全等方面的重要信息。

2.3　技术路线

连云港市东西连岛土地利用动态变化遥感监测与分析研究主要分为 3 个阶段，分别是数据的获取和预处理阶段、土地利用遥感监测阶段和土地利用变化监测阶段。在数据的获取和预处理阶段主要包括东西连岛资料的查阅、高空间分辨率遥感影像的获取；在此基础上，进行图像配准和图像裁剪等预处理。土地利用遥感监测阶段，主要包括东西连岛土地利用体系的确定，利用监督分类和分类后处理相结合的方法进行三期遥感影像的土地利用遥感监测。土地利用变化监测阶段主要包括土地利用总量变化特征、土地利用动态度分析，进而利用土地利用转移矩阵详细分析东西连岛土地利用的变化特征。其详细的技术路线如图 2-1 所示。

2.4　数据获取和预处理

2.4.1　东西连岛遥感影像的获取

为研究东西连岛土地利用变化，选取 2009 年 4 月 25 日、2011 年 3 月 25 日和 2015 年 3 月 12 日三期东西连岛及其邻域的 Google Earth 历史遥感数据。以 2015 年 3 月 12 日数据为例介绍 Google Earth 数据下载步骤。

（1）下载 91 卫图助手，打开软件选中 Google Earth 影像类型和 Google Earth 历史影像类型等产品数据源。

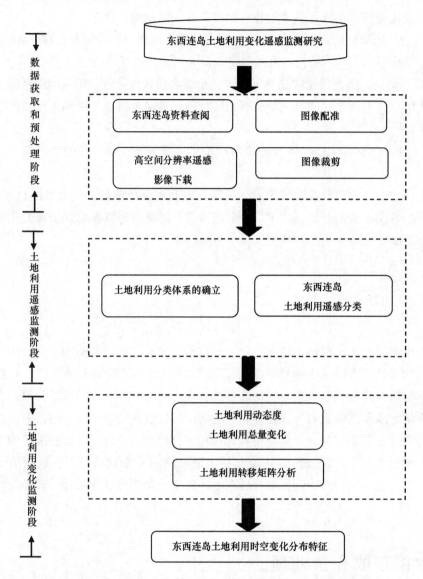

图 2-1　东西连岛土地利用动态变化遥感监测与分析技术路线

（2）以 2015 年 3 月 12 日的数据为例，在地图视图上的设置键上输入"2015/03/12"。

（3）下载类型：按框选择范围下载，点击"拉框选择"，在地图视图中，左键拉框选择范围（画好后的矩形或多边形可以进行编辑）。

（4）通过按框选择范围下载，选择好要下载的影像范围后，双击所选区域，根据要求选择下载影像级别，点击确定并导出。

2.4.2　东西连岛遥感影像的预处理

2.4.2.1　东西连岛遥感影像的配准

1）图像配准

图像配准是将不同时间、不同传感器或不同条件下获取的两幅或多幅图像进行匹配、叠加的过程；也就是评价两幅或多幅的相似性以确定同名点的过程。

2）图像配准方法

图像配准算法就是设法建立两幅图像之间的对应关系，确定相应几何变换参数，对两幅图像中的一幅进行几何变换的方法。

3）控制点选取

（1）控制点数目确定

控制点数目的最低限值是按照未知系数的多少来确定的。例如，一次多项式有6个系数，就需要有6个方程来求解，则需要3个控制点的3对坐标值，也就是6个坐标数。多项式的次数决定选取控制点的个数，其间存在关系为：n次多项式，控制点个数最少为$(n+1)(n+2)/2$。

实际工作中，所选择的控制点最少数目往往不足以很好地校正图像，达不到预期的效果。在图像边缘处，在地面特征变化大的地区，由于没有控制点，只能靠计算推断出对应点，导致图像有较大的变形。因此，在有条件的情况下，控制点选取大于最低数的6倍。

（2）控制点选取原则

控制点的选择要以配准对象为依据。以地面坐标为匹配标准的叫做地面控制点（记作GCP）。有时也用地图作为地面控制点标准或用遥感图像作为控制点标准。关键在于建立待匹配的两种坐标系的对应点关系。

控制点通常选取图像上易分辨且较精细的特征点，这很容易通过目视方法辨别，如道路交叉点、河流弯曲或分叉处、海岸线弯曲处、湖泊边缘、飞机场、城廓边缘等。特征变化大的地区要多选特征点，图像边缘部分一定要选取控制点，以避免外推。此外，控制点尽可能在整幅影像上均匀分布；特征实在不明显的大面积区域可以用求延长线交点的方法来弥补，要避免人为误差。

2.4.2.2　东西连岛遥感影像的配准步骤

1）选择图像配准的文件

（1）分别打开：标准影像gf20150312-dxld-re.dat图像，校正影像dxld20090425.dat图像和20110315.dat图像。在工具中选择"Portal"工具，浏览两个数据叠加情况，发现

13

有一定的偏差。

（2）进行图像拉伸，按 Linear2%拉伸显示。

（3）在"Toolbox"下"Geometric Correction"中双击选择"Image Registration Workflow"选项，选择配准标准影像和校正影像。以 2009 年 Geographic Lat/Lon 影像和 2015 年的高分影像数据为例：基准影像选择 gf20150312-dxld-re.dat 图像，配准影像为 dxld20090425.dat 图像。

2）TIE 点的生成

（1）选择合适的参数对 2009 年和 2011 年两期影像进行配准，以 2015 年高分影像作为配准基准。其参数设置如图 2-2 所示。

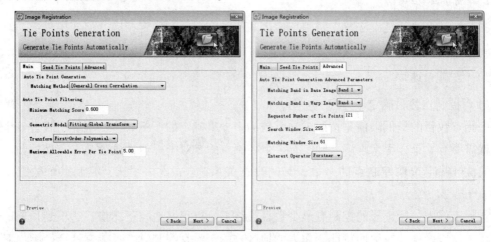

图 2-2　TIE 点参数设置图

（2）同名点生成后剔除误差大的点，直至 RMS 误差小于 0.5，经过处理，生成同名点的误差表（表 2-1 和表 2-2）。

表 2-1　2009 年和 2015 年遥感影像同名点误差统计

点号	X1	Y1	X2	Y2	分数	误差
1	20 474.00	7 516.92	2 972.23	2 643.70	0.738 6	0.188 1
2	21 142.19	7 578.92	4 125.66	2 750.72	0.805 0	0.150 4
3	18 990.14	6 606.09	410.81	1 073.21	0.746 0	0.238 4
4	19 685.11	6 310.93	1 611.17	563.34	0.675 7	0.225 0
5	21 653.01	7 492.00	5 008.14	2 600.32	0.832 2	0.542 3
6	19 404.15	6 200.93	1 125.48	373.83	0.610 9	0.476 0
7	22 134.18	7 353.99	5 838.01	2 361.74	0.910 9	0.370 1
8	20 520.14	7 095.90	3 052.59	1 917.30	0.861 5	0.406 9
9	19 390.15	6 331.93	1 102.01	599.61	0.642 9	0.331 3

点号	X1	Y1	X2	Y2	分数	误差
10	19 688.81	6 604.03	1 617.57	1 068.94	0.615 7	0.220 7
11	19 636.91	6 708.05	1 527.97	1 248.14	0.866 8	0.336 9
12	19 444.94	6 577.05	1 196.59	1 022.72	0.653 2	0.324 4
13	20 087.17	6 903.93	2 304.50	1 585.57	0.878 5	0.643 6

注：X1，Y1代表2009年遥感影像中像元点的列号和行号；X2，Y2代表2015年遥感影像中相同像元点的列号和行号。

经过处理，以 2015 年影像为基准，2009 年为待配准图像，获得 RMS 误差为 0.369 817，小于 0.5。

表2-2 2011年和2015年遥感影像同名点误差统计

点号	X1	Y1	X2	Y2	分数	误差
1	21 650.13	7 483.96	5 000.32	2 845.66	0.823 6	0.438 5
2	20 345.06	7 481.08	2 746.10	2 841.03	0.688 5	0.293 9
3	21 197.80	7 494.06	4 218.81	2 863.08	0.939 0	0.061 4
4	21 889.89	7 323.10	5 413.48	2 568.32	0.915 7	0.422 5
5	21 056.09	7 517.95	3 974.19	2 904.68	0.923 7	0.281 9
6	20 960.93	7 391.07	3 809..92	2 685.30	0.920 9	0.200 5
7	20 555.15	7 301.06	3 108.77	2 529.92	0.878 5	0.437 0
8	20 529.20	7 081.90	3 063.97	2 151.61	0.943 1	0.429 3
9	21 894.01	7 146.99	5 420.59	2 263.97	0.640 1	0.165 8
10	19 283.04	6 227.09	912.86	676.41	0.710 2	0.583 8
11	20 087.17	6 903.93	2 301.66	1 844.41	0.910 4	0.589 3
12	21 304.09	7 113.00	4 402.28	2 205.66	0.865 6	0.197 7
13	20 799.86	7 350.08	3 531.88	2 614.54	0.924 1	0.297 8
14	21 468.87	7 490.97	4 686.72	2 857.74	0.848 1	0.183 4
15	19 881.20	6 937.92	1 945.39	1 903.43	0.644 5	0.172 1
16	20 576.16	6 904.96	3 145.03	1 846.90	0.780 7	0.493 5
17	21 653.84	7 377.06	5 006.01	2 600.77	0.612 1	0.416 6
18	19 688.81	6 436.98	1 614.01	1 039.08	0.812 4	0.630 1
19	19 680.16	6 927.00	1 598.37	1 884.94	0.612 9	0.420 1
20	19 489.84	6 541.00	1 270.54	1 217.92	0.964 0	0.469 5
21	20 958.87	7 082.93	3 806.37	2 153.74	0.713 5	0.283 8
22	20 380.07	6 860.06	2 806.54	1 769.03	0.606 0	0.266 2
23	19 685.11	6 310.93	1 606.90	820.77	0.738 3	0.415 9

续表

点号	X1	Y1	X2	Y2	分数	误差
24	19 891.08	6 695.07	1 962.46	1 483.88	0.924 3	0.368 9
25	20 768.96	7 093.02	3 478.54	2 171.17	0.660 9	0.330 0
26	19 065.94	6 121.01	538.81	492.94	0.659 5	0.103 5
27	20 359.06	7 077.98	2 770.99	2 145.21	0.886 6	0.445 2
28	19 405.80	6 234.10	1 125.48	687.79	0.862 7	0.509 4

注：X1，Y1 代表 2011 年遥感影像中像元点的列号和行号；X2，Y2 代表 2015 年遥感影像中相同像元点的列号和行号。

经过处理，以 2015 年影像为基准，2011 年为待配准图像，获得 RMS 误差为 0.383 213，也小于 0.5。

（3）配准的参数设置：纠正模型为多项式模型，重采样方法为 3 次卷积法。

3）配准后的影像

以 2015 年的基准影像得到 2009 年和 2011 年配准后的影像（图 2-3~图 2-5）。

图 2-3　2015 年东西连岛高分影像

2.4.2.3　东西连岛遥感影像的裁剪

1）图像裁剪概念

图像裁剪的目的是将研究之外的区域去除。常用的方法是按照行政区划边界或自然区划边界进行图像裁剪。在基础数据生产中，还经常要进行标准分幅裁剪，按照 ENVI 的图像裁剪过程，可分为规则裁剪和不规则裁剪。

图 2-4 2011 年东西连岛配准后影像

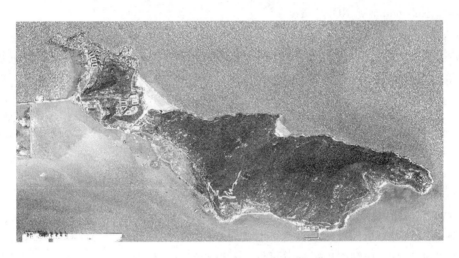

图 2-5 2009 年东西连岛配准后影像

2) 图像裁剪方法

（1）规则分幅裁剪。规则分幅裁剪是指裁剪图像的边界范围是一个矩形，这个矩形范围的获取包括行列号、左上角和右下角两点坐标、图像文件、ROI/矢量文件。

（2）不规则分幅裁剪。不规则分幅裁剪是指裁剪对象的外边界范围是一个任意多边形。任意多边形可以是事先生成的一个完整的闭合多边形区域，也可以是一个手工绘制的ROI 多边形，还可以是 ENVI 支持的矢量文件。

3) 影像裁剪

为研究东西连岛的土地利用变化，对配准后的遥感影像进行裁剪，采用规则分幅裁剪的方法对东西连岛的影像进行裁剪。下面以 2009 年配准后的影像为例，说明规则分幅裁剪的步骤。

（1）打开图像"dxld20090425warp. dat"，按 Linear 2%拉伸显示。

（2）在 Layer Manager 中选中"dxld20090425warp. dat"文件，单击鼠标右键，选择 New Region Of Interest，打开 Region of interest（ROI）Tool 面板。

（3）在 Region of interest（ROI）Tool 面板中点击相应按钮，在图像上绘制海州湾东西连岛范围内的矩形，作为裁剪区域。

（4）在 Region of interest（ROI）Tool 面板中，选择 File/Save as，保存绘制的 ROI，选择保存的路径和文件名。

（5）在 Toolbox 中，打开 Regions of Interest/ Subset Data from ROIs。

（6）在 Select Input File 对话框中，选择"dxld20090425warp. dat"，打开 Subset Data from ROIs Parameters 面板。

（7）在 Subset Data from ROIs Parameters 面板中，设置以下参数：

Select Input ROIs：ROI #1；

Mask pixels output of ROI?：Yes；

Mask Background Value：255。

（8）选择输出路径和文件名，单击"OK"按钮完成图像裁剪。对三期图像分别进行裁剪，得到东西连岛研究区裁剪后的影像。

2.5　土地利用分类体系的确定和影像解译标志的建立

2.5.1　土地利用分类体系的确定

土地利用分类是指在研究分析各类土地的特点及它们之间的相同性和差异性的基础上划分土地类型。对土地利用进行分类研究，不仅能够正确认识土地利用数量、质量和空间分布状况，而且便于指出改良与利用的方向及途径。

为研究该区域的土地利用现状，参考全国海岛资源调查时采用的分类体系，将研究区分为 6 个土地利用类型：海岛近岸水域、林地、水利设施用地、未利用地、建筑用地和沙地（表 2-3）。研究区内近几年主要土地利用类型的变化情况是分类方案设计主要的因素。为达到更高的分类精度，将研究区的遥感影像进行对比，从而确定东西连岛的分类标准。

表 2-3　土地利用分类体系

土地利用类型	说明
海岛近岸水域	海岛周边海域
林地	防护林、管丛林地、其他林地
水利设施用地	水库水面、水工建筑用地

18

续表

土地利用类型	说明
未利用地	荒地、裸露地
建筑用地	住宅用地、公共设施、工矿仓储用地、油库用地、道路
沙地	浴场用地

2.5.2　影像解译标志的建立

海岛近岸水域：影像主要呈浅蓝色，形状为不规则片状，范围将整个陆域包围（图 2-6）。

林地：影像主要呈深绿色，形状为不规则的条带或片状，防护林和其他林地纹理较粗糙，呈现比较稀疏的青色（图 2-6）。

水利设施用地：池塘水面呈蓝色或蓝绿色，形状不规则，面积较小；水库颜色为湛蓝色或黑色，有明显大坝（图 2-7 和图 2-8）。

未利用地：影像呈白色、灰白色、土黄色或青灰色，形状为不规则的片状、条带状（图 2-8）。

建筑用地：居民点呈灰白色、较明亮，形状为相对规则的片状，纹理较粗糙；工矿仓储用地和油库用地的颜色为灰白、黄绿和粉色（厂房顶），形状规则；交通一般为白色或灰色，呈长条状，纹理细腻平滑（图 2-7~图 2-9）。

沙地：一般为白色或淡黄色，呈面状，通常与海域相连，纹理细腻平滑（图 2-6）。

图 2-6　林地、沙地和海岛近岸水域

图 2-7 工业设施和水库用地

图 2-8 交通、水库、林地和未利用地

图 2-9　住宅用地

2.6　土地利用遥感监测方法

2.6.1　遥感图像解译方法

2.6.1.1　目视解译

目视解译又称目视判读，它指专业人员通过直接观察或借助辅助判读仪器在遥感图像上获取特定目标地物信息的过程。遥感图像目视解译的目的是从遥感图像中获取需要的地学专题信息，它需要解决的问题是判读出遥感图像中有哪些地物，它们分布在哪里，并对其数量特征给予粗略估计。在土地利用遥感监测中，目视解译是最基本的技能。

2.6.1.2　遥感图像计算机解译

遥感图像计算机解译又称遥感图像理解（Remote Sensing Imagery Understanding），它以计算机系统为支撑环境，利用模式识别与人工智能技术相结合，根据遥感图像中目标地物的各种影像特征（颜色、形状、纹理与空间位置），结合专家知识库中目标地物的解译经验和成像规律等知识进行分析和推理，实现对遥感图像的理解，完成遥感图像的解译。

2.6.2　监督分类方法

2.6.2.1　最小距离分类法（minimum distance classification）

最小距离分类法是用特征空间中的距离作为像元分类依据。最小距离分类包括最小距离判别法和最近邻域分类法。最小距离判别法要求对遥感图像中每一个类别选一个具有代表意义的统计特征量（均值），首先计算待分像元与已知类别之间的距离，然后将其归属于距离最小的一类。最近邻域分类法是上述方法在多波段遥感图像分类的推广。在多波段遥感图像分类中，每一类别具有多个统计特征量。最近邻域分类法首先计算待分像元到每一类中每一个统计特征量间的距离，这样该像元到每一类都有几个距离值，取其中最小的一个距离作为该像元到该类别的距离，最后比较待分像元到所有类别间的距离，将其归属于距离最小的一类。最小距离分类法原理简单，分类精度不高，但计算速度快，它可以在快速浏览分类概况中使用。

2.6.2.2　多级切割分类法（multi-level slice classification）

多级切割分类法是根据设定在各轴上的值域分割多维特征空间的分类方法。通过分割得到的多维长方体对应各分类类别，经过反复对定义的这些长方体的值域进行内外判断而完成各像元的分类。这种方法要求通过选取训练区详细了解分类类别（总体）的特征，并以较高的精度设定每个分类类别的光谱特征上限值和下限值，以便构成特征子空间。多级切割分类法要求训练区样本选择必须覆盖所有的类型，在分类过程中，需要利用待分类像元光谱特征值与各个类别特征子空间在每一维上的值域进行内外判断，检查其落入哪个类别特征子空间中，直到完成各像元的分类。

多级切割分类法便于直观理解如何分割特征空间，以及待分类像元如何与分类类别相对应。由于分类中不需要复杂的计算，与其他监督分类方法比较，具有速度快的特点。但多级切割法要求分割面总是与各个特征轴正交，如果各类别在特征空间中呈现倾斜分布，就会产生分类误差。因此运用多级切割分类法前，需要先进行主成分分析，或采用其他方法对各个轴进行相互独立的正交变换，然后进行多级分割。

2.6.2.3　最大似然分类法（maximum likelihood classification）

最大似然分类法是经常使用的监督分类方法之一，它是通过求出每个像元对于各类别归属概率（似然度）（likelihood），把该像元分到归属概率（似然度）最大的类别中去的方法。最大似然分类法假定训练区地物的光谱特征和自然界大部分随机现象一样，近似服从正态分布，利用训练区可求出均值、方差以及协方差等特征参数，从而可求出总体的先验概率密度函数。当总体分布不符合正态分布时，其分类可靠性将下降，这种情况下不宜采用最大似然分类法。

综合以上分析，本课题应用监督分类和目视解译相结合的方法开展连云港市东西连岛土地利用遥感监测研究。

2.7 土地利用动态变化遥感监测

2.7.1 土地利用类型之间的分离度分析

为提高东西连岛土地利用遥感监测的精度，对三期东西连岛影像选择最大似然分类法进行监督分类，分别对三期遥感影像中各个土地利用类型训练样本之间的分离度进行统计，结果如表2-4~表2-6所示。通过监督分类最大似然分类法进行分类，原则上要求训练样本之间的分离度要大于1.8才能有效区分，需通过重新分类反复修改分类指标直到分离度进一步提高。从表2-4可以看出："沙地"和"未利用地"之间，"未利用地"和"建筑用地"之间的分离度小于1.8，也就意味着，不能有效区分；主要是因为有些"未利用地"与"沙地"，一些"未利用地"和部分"建筑用地"的颜色存在极大的相似之处。从表2-5可以看出："沙地""未利用地"和"建筑用地"之间的分离度均小于1.8，不能有效区分。从表2-6可以看出："沙地""未利用地"和"建筑用地"之间的分离度均小于1.8，不能有效区分。此外，"海岛近岸水域"和"水利设施用地"之间的分离度也小于1.8，也无法实现有效区分。综上所述，由于东西连岛土地利用类型之间存在无法避免的高度相似特点而导致分离度达不到1.8，这在某种程度上也影响了土地利用分类精度。

表2-4 2009年土地利用类型分离度统计

土地利用类型成对	分离度
"未利用地"和"建筑用地"	1.41734752
"沙地"和"未利用地"	1.51434774
"沙地"和"建筑用地"	1.79582062
"水利设施用地"和"林地"	1.82426029
"海岛近岸水域"和"建筑用地"	1.82550452
"林地"和"未利用地"	1.91272279
"林地"和"建筑用地"	1.96735739
"未利用地"和"海岛近岸水域"	1.97285381
"水利设施用地"和"未利用地"	1.97978334
"林地"和"海岛近岸水域"	1.98823525
"水利设施用地"和"建筑用地"	1.99116416
"水利设施用地"和"海岛近岸水域"	1.99982278
"沙地"和"海岛近岸水域"	1.99991079
"林地"和"沙地"	1.99999553
"水利设施用地"和"沙地"	2.00000000

表 2-5　2011 年土地利用类型分离度统计

土地利用类型成对	分离度
"未利用地"和"建筑用地"	1.56519234
"沙地"和"建筑用地"	1.69676223
"未利用地"和"沙地"	1.74373167
"林地"和"未利用地"	1.90985096
"海岛近岸海域"和"建筑用地"	1.94480685
"林地"和"水利设施用地"	1.9478575
"未利用地"和"海岛近岸海域"	1.95594915
"林地"和"建筑用地"	1.96764103
"水利设施用地"和"建筑用地"	1.9920994
"沙地"和"海岛近岸海域"	1.99894737
"未利用地"和"水利设施用地"	1.99943633
"林地"和"海岛近岸海域"	1.99959557
"海岛近岸海域"和"水利设施用地"	1.99986406
"林地"和"沙地"	1.99997406
"沙地"和"水利设施用地"	2.00000000

表 2-6　2015 年土地利用类型分离度统计

土地利用类型成对	分离度
"未利用地"和"建筑用地"	1.20736542
"林地"和"建筑用地"	1.55935823
"沙地"和"未利用地"	1.61746061
"水利设施用地"和"海岛近岸水域"	1.63926193
"水利设施用地"和"林地"	1.84432006
"水利设施用地"和"建筑用地"	1.85683584
"沙地"和"建筑用地"	1.93376539
"海岛近岸水域"和"建筑用地"	1.9474328
"未利用地"和"林地"	1.99993505
"海岛近岸水域"和"林地"	1.99999971
"水利设施用地"和"未利用地"	2.00000000
"海岛近岸水域"和"未利用地"	2.00000000
"海岛近岸水域"和"沙地"	2.00000000
"水利设施用地"和"沙地"	2.00000000
"沙地"和"林地"	2.00000000

2.7.2 东西连岛土地利用监督分类

在选取合适的监督分类训练样本的基础上，采用最大似然分类法获得三期东西连岛土地利用监督分类影像结果。由于"沙地""未利用地"和"建筑用地"之间的分离度偏低，需结合野外现场勘察和验证对监督分类之后的影像进行后处理，主要有 Majority 分析和过滤处理。

1）Majority 分析

采用类似于卷积滤波的方法将较大类别中的虚假像元归到该类中，定义一个变换核尺寸，主要分析（Majority Analysis）是用变换核中占主要地位（像元数最多）的像元类别代替中心像元的类别。如果使用次要分析（Minority Analysis），将用变换核中占次要地位的像元的类别代替中心像元的类别。以 2009 年遥感影像为例，其详细操作流程如下。

（1）打开分类结果"20090425class"。

（2）打开 Majority/Minority 分析工具。路径为 Toolbox/Classification/Post Classification/Majority/Minority Analysis，在弹出对话框中选择"20090425class"，点击"OK"。

（3）在 Majority/Minority Parameters 面板中，点击"Select All Items"选中所有的类别，其他参数按照默认即可。然后点击"Choose"按钮设置输出路径，点击"OK"执行操作。

（4）查看结果，可以看到原始分类结果的碎斑归为背景类别中，更加平滑。

（5）"Kernel Size"为核的大小，设置为 15×15。核越大，则处理后的结果越平滑。

2）过滤处理（Sieve）

过滤处理（Sieve）解决分类图像中出现的孤岛问题。过滤处理使用斑点分组方法来消除这些被隔离的分类像元。类别筛选方法通过分析周围的 4 个或 8 个像元，判定一个像元是否与周围的像元同组。如果一类中被分析的像元数少于输入的阈值，这些像元就会被从该类中删除，删除的像元归为未分类的像元（Unclassified），其操作流程如下。

（1）打开上述操作结果"20090425class"。

（2）打开过滤处理工具，路径为 Toolbox /Classification/Post Classification/Sieve Classes，在弹出对话框中选择"20090425class"，点击"OK"。

（3）在"Sieve Parameters"面板中，点击"Select All Items"选中所有的类别，Group Min Threshold 设置为 5，其他参数按照默认即可。然后点击"Choose"按钮设置输出路径，点击"OK"执行操作。

（4）可以看到原始分类结果的碎斑归为背景类别中，更加平滑。

（5）聚类领域大小（Number of Neighbors），可选四连通域或八连通域，分别表示使用中心像元周围 4 个或 8 个像元进行统计。

3）分类结果转矢量

可以利用 ENVI 提供的"Classification to Vector"工具，将分类结果转换为矢量文件，操作步骤如下。

（1）打开分类结果"20090425Class-new_ majority_ sieve"。

（2）打开分类转换矢量工具，路径为 Toolbox/Classification/Post Classification/Classification to Vector。

（3）在"Raster to Vector Input Band"面板中，选择"20090425Class-new_ majority_ sieve"文件，点击 OK。

（4）在"Raster to Vector Parameters"面板中设置矢量输出参数和输出路径，点击 OK 即可。

（5）查看输出结果，在"ENVI Classic"中打开刚才生成的 *.evf 文件，点击"Vector"，在"Available Vectors List"中点击"file"将它保存为 *.shp 文件。

2.7.3 东西连岛土地利用状况分析

2.7.3.1 2009 年的土地利用状况

2009 年土地利用状况数据如表 2-7 所示，土地利用状况分布见图 2-10。从表 2-7 和图 2-10 可以看出东西连岛土地利用类型结构特征及分布情况。2009 年的未利用地面积为 2.537 km²，占总面积的 12.74%；海岛近岸水域面积为 12.035 km²，占总面积的 60.45%；建筑用地面积为 1.734 km²，占总面积的 8.72%；林地面积为 3.323 km²，占总面积的 16.69%；沙地面积为 0.108 km²，占总面积的 0.54%；水利设施用地面积为 0.171 km²，占总面积的 0.86%。

表 2-7　东西连岛 2009 年、2011 年和 2015 年各土地类型的面积和百分比

类型	2009 年		2011 年		2015 年	
	面积（km²）	百分比（%）	面积（km²）	百分比（%）	面积（km²）	百分比（%）
未利用地	2.537	12.74	3.391	17.04	0.374	1.87
海岛近岸水域	12.035	60.45	13.129	65.95	12.723	63.91
建筑用地	1.734	8.72	0.795	3.99	3.465	17.41
林地	3.323	16.69	2.461	12.36	3.068	15.41
沙地	0.108	0.54	0.104	0.52	0.135	0.68
水利设施用地	0.171	0.86	0.028	0.14	0.143	0.72
总和	19.908	100	19.908	100	19.908	100

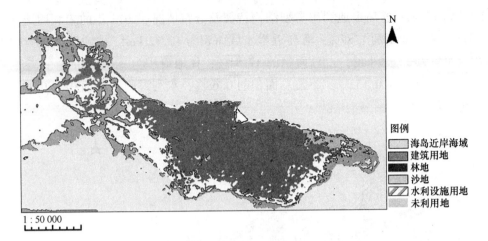

图 2-10 2009 年东西连岛土地利用遥感分类结果

2.7.3.2 2011 年的土地利用状况

2011 年土地利用状况数据如表 2-7 所示，土地利用状况分布如图 2-11。从表 2-7 和图 2-11可以看出东西连岛土地利用类型结构特征及分布情况。2011 年的未利用地面积为 3.391 km²，占总面积的 17.04%；海岛近岸水域面积为 13.129 km²，占总面积的 65.95%；建筑用地面积为 0.795 km²，占总面积的 3.99%；林地面积为 2.461 km²，占总面积的 12.36%；沙地面积为 0.104 km²，占总面积的 0.52%；水利设施用地面积为 0.028 km²，占总面积的 0.14%。

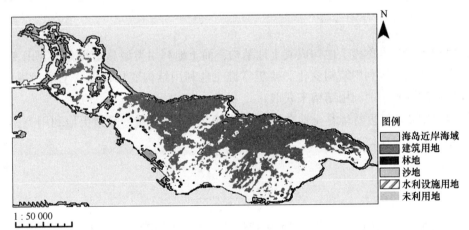

图 2-11 2011 年东西连岛土地利用遥感分类结果

2.7.3.3 2015 年的土地利用状况

2015 年的土地利用状况数据如表 2-7，土地利用状况分布见图 2-12，从表 2-7 和图

27

2-12 可以看出东西连岛土地利用类型结构特征及分布情况。2015 年的未利用地面积为 0.374 km², 占总面积的 1.87%; 海岛近岸水域面积为 12.72 km², 占总面积的 63.91%; 建筑用地面积为 3.465 km², 占总面积的 17.41%; 林地面积为 3.068 km², 占总面积的 15.41%; 沙地面积为 0.135 km², 占总面积的 0.68%; 水利设施用地面积为 0.143 km², 占总面积的 0.72%。

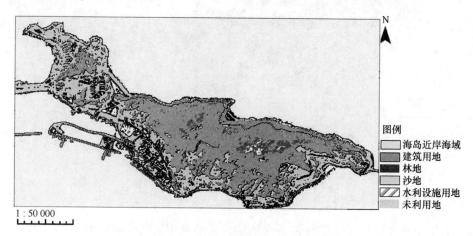

图 2-12　2015 年东西连岛土地利用遥感分类结果

2.7.4 土地利用类型总量变化分析

2.7.4.1 土地利用结构变化

土地利用结构也称为土地构成或土地结构, 而土地利用类型总量和土地利用变化速率随时间变化就是土地利用结构变化。要想掌握土地利用结构变化特征及土地利用总态势, 就必须要通过分析土地利用结构来获取。

土地利用变化幅度特征是土地在研究时段内的绝对变化量, 是指土地利用类型面积方面的变化。其数学模型为:

$$K_1 = U_b - U_a \tag{2-1}$$

$$K_2 = \frac{U_b - U_a}{T} \tag{2-2}$$

式中, K_1 为研究时段内, 某一种土地利用类型的总变化幅度; K_2 为研究时段内, 某一种土地利用类型的年变化幅度; U_a 为研究期初, 某一种土地利用类型的数量; U_b 为研究期末, 某一种土地利用类型的数量; T 为研究时段长度。

2.7.4.2 东西连岛土地利用分析

通过对东西连岛 2009 年、2011 年和 2015 年三期土地利用数据进行分析, 可以得出东西连岛土地利用类型和方式发生了变化。未利用地、林地和水利设施用地面积减少，而海岛近岸水域、建筑用地和沙地增加。在面积减少的地类中，未利用地的减少量居首，减少了 2.163 km²，其次为林地，减少了 0.255 m²。面积增幅最大的是建筑用地。从表 2-8 可以看出：在 2009—2011 年、2011—2015 年两个时段内，未利用地和海岛近岸水域用地呈现先增加后减少的趋势，而建筑用地、林地、沙地和水利设施用地呈现先减少后增加的趋势。在 2011—2015 年时段内，建筑用地增幅最大，为 2.67%；而未利用地减幅最大，为 3.017%。

表 2-8 东西连岛土地利用程度综合指数

类型	2009 年	2011 年	2015 年	2009—2011 年	2011—2015 年	2009—2015 年
未利用地	2.537	3.391	0.374	0.854	-3.017	-2.163
海岛近岸水域	12.035	13.129	12.723	1.094	-0.406	0.688
建筑用地	1.734	0.795	3.465	-0.939	2.67	1.731
林地	3.323	2.461	3.068	-0.862	0.607	-0.255
沙地	0.108	0.104	0.135	-0.004	0.031	0.027
水利设施用地	0.171	0.028	0.143	-0.143	0.115	-0.028

2.7.5 土地利用类型动态变化分析

2.7.5.1 土地利用类型动态度

土地利用变化速度以土地利用类型的面积为基础，关注研究时段内各类土地利用变化的结果，表征的是土地利用的相对变化率。其意义在于可以直观地反映类型变化的速度，也易于通过类型间的比较反映变化的差异。本书针对多种土地利用类型，采用动态度模型来监测研究区土地利用类型的数量变化情况。其模型为：

$$K_i = \frac{U_{ib} - U_{ia}}{U_{ia}} \cdot T^{-1} \times 100\% \qquad (2-3)$$

式中，U_{ia} 为研究期初，某一土地利用类型的数量；U_{ib} 为研究期末，某一土地利用类型的数量；T 为研究期时段长；K_i 为研究时段内某一土地利用类型的年变化率。

2.7.5.2 东西连岛土地利用类型动态度分析

利用公式（2-3）计算得到东西连岛在不同时段、单一土地利用类型动态度。从东西连岛的单一土地利用类型动态度值来看：2009—2015 年，东西连岛的海岛近岸水域面积增加，而研究区裁剪面积为 19.908 km²，则表明东西连岛陆域面积减少；未利用地、林地和水利设施用地分别以 14.21%、1.28% 和 2.73% 的速率减少，海岛近岸水域、建筑用地和沙地有所增加；其中建筑用地类型增加最为迅速，其动态度为16.64%（表2-9）。

表2-9 2009—2015年期间东西连岛不同时期的土地利用动态度

类型	2009—2011年	2011—2015年	2009—2015年	2009—2011年动态度（%）	2011—2015年动态度（%）	2009—2015年动态度（%）
未利用地	0.854	-3.017	-2.163	16.83	-22.24	-14.21
海岛近岸水域	1.094	-0.406	0.688	4.54	-0.78	0.95
建筑用地	-0.939	2.67	1.731	-27.08	83.96	16.64
林地	-0.862	0.607	-0.255	-12.97	6.17	-1.28
沙地	-0.004	0.031	0.027	-1.85	7.45	4.17
水利设施用地	-0.143	0.115	-0.028	-41.81	102.68	-2.73

2.7.6 土地利用类型转移分析

将土地利用矢量图层进行空间union叠加分析，进一步导出结果数据，并经过整理分析得到三期东西连岛土地利用转移面积矩阵（表2-10～表2-12）。利用土地利用转移矩阵分析东西连岛在近10年内的土地利用转移情况。

表2-10 2009—2011年东西连岛土地利用面积转移矩阵

		2011年						
		1	2	3	4	5	6	总和
2009年	1	2.411	0	0	0.126	0	0	2.537
	2	0.028	12.007	0	0	0	0	12.035
	3	0.053	0	0.795	0.871	0.015	0	1.734
	4	0.737	1.122	0	1.464	0	0	3.323
	5	0.019	0	0	0	0.089	0	0.108
	6	0.143	0	0	0	0	0.028	0.171
总和		3.391	13.129	0.795	2.461	0.104	0.028	19.908

注：1-未利用地；2-海岛近岸水域；3-建筑用地；4-林地；5-沙地；6-水利设施用地。

2.7.6.1 2009—2011年土地利用转移分析

（1）未利用地面积从2.537 km² 增加到3.391 km²，来源是其他几个土地类型，如海岛近岸水域、建筑用地、林地、沙地、水利设施用地，其中主要是林地面积转化，转化面积为0.737 km²。

（2）海岛近岸水域面积从12.035 km² 增加到13.129 km²，主要由林地转化而来。

表 2-11 2009—2015 年东西连岛土地利用面积转移矩阵

		2015 年						
		1	2	3	4	5	6	总和
2009 年	1	0.082	0.852	1.576	0.005	0.019	0.003	2.537
	2	0.073	11.725	0.176	0.038	0.009	0.014	12.035
	3	0.016	0.146	1.171	0.343	0.058	0	1.734
	4	0.093	0	0.531	2.682	0	0.017	3.323
	5	0.048	0	0.011	0	0.049	0	0.108
	6	0.062	0	0	0	0	0.109	0.171
总和		0.374	12.723	3.465	3.068	0.135	0.143	19.908

注：1-未利用地；2-海岛近岸水域；3-建筑用地；4-林地；5-沙地；6-水利设施用地。

表 2-12 2011—2015 年东西连岛土地利用面积转移矩阵

		2015 年						
		1	2	3	4	5	6	总和
2011 年	1	0.228	0.785	2.211	0.093	0.072	0.002	3.391
	2	0.039	11.938	0.246	0.762	0.023	0.121	13.129
	3	0.043	0	0.748	0.004	0	0	0.795
	4	0	0	0.252	2.209	0	0	2.461
	5	0.064	0	0	0	0.04	0	0.104
	6	0	0	0.008	0	0	0.02	0.028
总和		0.374	12.723	3.465	3.068	0.135	0.143	19.908

注：1-未利用地；2-海岛近岸水域；3-建筑用地；4-林地；5-沙地；6-水利设施用地。

（3）建筑用地面积有所减少，减少面积为 0.939 km², 主要向林地、未利用地和沙地进行转移。

（4）林地面积从 3.323 km² 减少到 2.461 km², 主要是与海岛近岸水域和建筑用地之间互相转化。

（5）沙地面积减少量很低，变化量不大。

（6）水利设施用地面积从 0.171 km² 减少到 0.028 km², 主要由水利设施用地转化为未利用地。

2.7.6.2 2009—2015 年土地转移变化分析

（1）未利用地面积从 2.537 km² 减少到 0.374 km², 主要向海岛近岸水域、建筑用地和沙地这几个土地类型转化，其中主要转化类型为建筑用地和海岛近岸水域，转化面积分别为 1.560 km² 和 0.779 km²。

（2）海岛近岸水域面积从 12.035 km^2 增加到 12.723 km^2，主要是未利用地向海岛近岸水域转化。

（3）建筑用地面积有所增加，增加面积为 1.731 km^2，主要来源是未利用地，海岛近岸水域和林地都有所转入，其转入面积分别为 0.03 km^2 和 0.188 km^2。

（4）林地面积减少，主要是向未利用地、建筑用地和水利设施用地转化。

（5）沙地面积有所增加，主要是建筑用地面积有所减少。

（6）水利设施用地面积从 0.171 km^2 减少到 0.143 km^2，主要是向未利用地转化。

2.7.6.3　2011—2015 年土地转移变化分析

（1）未利用地面积从 2.537 km^2 减少到 0.374 km^2，主要向海岛近岸水域、建筑用地和林地这几个土地类型转化，其中主要转化类型为建筑用地和海岛近岸水域，转化面积分别为 2.172 km^2 和 0.746 km^2。

（2）海岛近岸水域面积从 13.129 km^2 减少到 12.723 km^2，主要是向建筑用地和林地转化，其转化面积分别为 0.246 km^2 和 0.762 km^2。

（3）建筑用地面积有所增加，增加面积为 2.67 km^2，主要是未利用地，海岛近岸水域和林地都有所转入，其中转入最大的是未利用地，面积为 2.172 km^2。

（4）林地面积减少，主要是向未利用地、建筑用地和水利设施用地转化。

（5）沙地面积有所增加，主要是面积为 0.023 km^2 的海岛近岸水域转入。

（6）水利设施用地面积从 0.028 km^2 增加到 0.143 km^2，主要是面积为 0.121 km^2 的海岛近岸水域转入。

2.8　本章小结

以海州湾东西连岛为研究区，2009 年 4 月 25 日和 2011 年 3 月 15 日的 Google Earth 影像以及 2015 年 3 月 12 日的高分影像为主要数据源，采用卫星遥感调查与现场调查相结合的方法，依据适合于传感器分类能力并具有海岛特色的土地利用分类体系，获得 3 个时期的土地利用数据，并研究分析近几年东西连岛的土地利用变化情况，得出以下主要结论。

（1）在 2009—2015 年，东西连岛土地利用类型和方式发生变化；未利用地和海岛近岸水域呈现先递增后递减的趋势；建筑用地、林地、沙地和水利设施用地则呈现先递减后递增的趋势。

（2）根据三期东西连岛土地利用数据，在面积减少的土地类型中，未利用地的减少量居首，减少面积为 2.163 km^2，其次为林地，减少面积为 0.255 m^2；在面积增大的地类中，面积增幅最大的是建筑用地。在 2011—2015 年时段内，建筑用地增幅最大，为 2.67%，而未利用地减幅最大，为 3.017%。

（3）东西连岛的海岛近岸水域面积增加，而研究区裁剪面积为 19.908 km^2，则表明东西连岛陆域面积减少；未利用地、林地和水利设施用地分别以 14.21%、1.28% 和 2.73%

的速率减少；海岛近岸水域、建筑用地和沙地有所增加，其中建筑用地增加尤为迅速，其动态度为 16.64%。

（4）2009—2015 年东西连岛土地转移变化分析表明：未利用地逐渐减少，主要向海岛近岸水域、建筑用地和沙地 3 种土地类型转化，其中主要转化类型为建筑用地和海岛近岸水域；林地面积减少，主要是向未利用土地、建筑用地和水利设施用地转化。

参考文献：

鲍文东. 基于 GIS 的土地利用动态变化研究［D］. 山东科技大学学位论文，2007.

陈玲. 土地利用更新调查中遥感图像分类的方法和精度对比的研究［D］. 太原理工大学学位论文，2010.

高迎春. 基于高分辨率遥感影像的城市土地利用变化研究［D］. 河北农业大学学位论文，2007：5-6.

贺秋华. 江苏滨海土地利用/覆盖变化及其生态环境效应研究［D］. 南京师范大学学位论文，2011.

金宇洁. 基于 CLUE-S 模型的海岛地区土地利用变化情景模拟［D］. 浙江财经大学学位论文，2015. 4-5.

李利红，张华国，厉冬玲，等. 基于多尺度纹理和光谱信息的海岛土地利用遥感分类方法研究［J］. 海洋学研究，2013，31（2）：35-44.

李石华，王金亮，毕艳，等. 遥感图像分类方法研究综述［J］. 国土资源遥感，2005，（2）：1-6.

梁留科，曹新向，孙淑英. 土地生态分类系统研究［J］. 水土保持学报，2003，17（5）：142-146.

刘斌，孙斌，余方超，等. 基于不可分小波分解的图像配准方法［J］. 计算机工程，2014，40（10）：252-257.

隋玉正，黄韦艮，张华国，等. 基于遥感的海岛填海造地时空变化研究［J］. 海洋环境科学，2013，（4）：594-598.

王耕，高香玲. 基于 GIS 的大连海洋岛土地利用生态风险评价［J］. 国土与自然资源研究，2011，（4）：48-50.

吴桑云，刘宝银. 中国海岛管理信息系统基础——海岛体系［M］. 北京：海洋出版社，2008.

吴涛，杨木壮，简梓红，等. 南澳岛 1989—2010 年土地利用时空动态变化［A］. 见：广东海洋大学研究所. 热带海洋科学学术研讨会暨广东海洋学会会员代表大会论文集［C］. 广州：广东海洋大学研究所，2013：28-32.

肖洲，赵争，黄国满. 高分辨率机载 SAR 影像判读实验［J］. 测绘科学，2006，31（2）：42-43.

颜新文，吴松华. 东西连岛南北兵［J］. 国防，2001，（11）：49-50.

张耀光，王丹. 大长山岛土地利用变化及其土地与海域综合利用探讨［J］. 地理科学进展，2007，26（3）：80-87.

赵强. 基于 RS/GIS 的草产量估算方法研究及生产潜力评价［D］. 青岛：山东科技大学，2014.

中国海洋年鉴编纂委员会. 2014 年中国海洋年鉴［M］. 北京：海洋出版社，2014.

邹亚荣，王华，林明森，等. SPOT5 在东沙岛土地利用遥感监测应用［A］. 见：中国海洋学会研究所. 2006 环境遥感学术年会论文［C］. 北京：中国海洋学会研究所，2006：9-13.

Mialhe F, Gunnell Y, Ignacio J A F, et al. Monitoring land-use change by combining participatory land-use maps with standard remote sensing techniques: Showcase from a remote forest catchment on Mindanao, Philippines［J］. International Journal of Applied Earth Observation & Geo-information, 2015, 36: 69-82.

3 东西连岛陆域土壤质量监测研究

3.1 研究目的和意义

土壤作为土地的重要组成成分，是人类赖以生存的必要条件，所以，人类的生活、生产和发展与土壤质量有着直接的关系。土壤能够过滤水分中的杂质，分解废物，是植物生长的介质，同时也是水分、热量和化合物的源。土壤能够提高水和气体的质量，同时也有利于植物的生长发育。土壤质量高低是维持地球生物圈是否协调的重要因子之一，可以从环境质量、生产力、可持续性、影响人类身体健康等多方面来定义土壤质量。土壤质量评价主要分为土壤自身质量的评价和土壤动态评价。地理环境和气候等因素会影响土壤本身的质量，在土壤形成过程中表现出不同的土壤性质特征，因而直接比较不同类型土壤有很大的难度；土壤动态评价因为受管理措施影响，随着时间的推移发生动态变化，这种评价确定了土壤质量演变过程中管理措施的作用，能为我们提供十分有意义的借鉴。土壤质量评价的主要目的是摸清土壤的实际功能，土壤质量能够体现出土壤各种功能，包括土壤生产力、维护动植物健康能力和保护生态环境的能力。

海岛对于国家海洋权益的意义十分重大，海岛是一个资源丰富的宝库，同时也是开发海洋的出发点和基地。海州湾东西连岛作为一个有居民海岛，在岛上进行土壤质量评价不仅能指导岛上居民利用海岛资源，提高土地利用率，更能够为其他有居民海岛的发展提供借鉴，更好地合理利用海岛，保护海岛环境。

3.2 国内外研究现状

3.2.1 国内学者对土壤质量评估的研究进展

目前我国土壤质量定量评价方法主要包括灰色关联分析法、"3S"（RS、GIS、GPS）技术自动化评价法、基于地理信息系统（GIS）的土壤质量评价方法。

3.2.1.1 灰色关联分析法

灰色关联分析法是按照序列曲线几何形状的相似程度判别灰色过程发展趋势的关联程度，实质上是数据因子分析法，是分析系统中多个因素之间关联程度的分析法。在土壤质量评价中，各个评价因素的评价标准是土壤质量等级关于评价因子量化值的一个阶跃函数，会造成分界点两端化，即使指标值相差很小，仍然属于不同级别，而同一级别的最大和最小指标值又相差较大，所以在这方面看来是不合理的。制订土壤质量评价标准的过程存在主观性，土壤评价的结果在实质上是"离散"的，这会对决策的参考价值产生很大的影响。运用灰色关联评价法可以得出各单元按土壤质量的排序，并可根据关联度的大小给出各单元的质量等级。该方法没有使用各评价因素的评价标准，只用到各成分的初始量化值，所以评估结果更加客观和科学。李月芬等对吉林草原土壤使用灰色关联分析法并且结合 GIS 进行研究，利用关联度分类等级确定土壤质量。胡月明等探讨了基于 GIS 与灰色关联综合评价模型的土壤质量评价。杨奇勇等探讨了基于 GIS 和改进灰色关联模型的土壤肥力评价。灰色关联分析的优点是使用方法简单便捷，有很强的理论支持，计算步骤很少，适合用于综合评价多个指标，能为土壤资源利用决策提供十分重要的建议。

3.2.1.2 "3S"技术自动化评价法

用 GPS 技术准确获得样本采集点的具体位置，使用遥感技术快速了解现时的土地利用情况，利用 GIS 对采集到的数据进行数据矢量化处理，在 ArcMap 软件中，使用克里金插值法对采集到的样本属性进行插值分析处理，得到各属性指标空间分布图以及土壤属性隶属度分布图，最后在 ArcMap 软件中使用指数形成的计算公式和计算结果，得到土壤质量分布图，完成"3S"技术在土壤质量自动化评价中的过程。利用这种方法对土壤质量进行评价的优点是能够快速地在大范围区域自动化评价土壤质量。李新举等探讨了基于"3S"技术的黄河三角洲土壤质量自动化评价研究方法，能够有力地在技术上给予土壤质量监测过程最大的支持。刘廉海等探讨了"3S"技术在厦门市土壤侵蚀监测以及土壤侵蚀评价上的应用。

3.2.1.3 基于 GIS 的土壤质量评价方法

GIS 与土壤质量评价方法结合是土壤质量评价的一个方向。GIS 具有强大的空间分析和数据管理功能，并可以在空间数据库的基础上建立针对各类问题的应用模型，对空间信息和属性数据进行有效加工处理，便于科学分析和决策管理。应用 GIS 对土壤质量评价可以极大地提高农业决策的可靠性、客观性，避免通过主观判断决定土地的使用情况，提高土地的使用效率并合理安排农业资源。齐伟等以河北省曲周县一个小区为例，将土壤质量指数法与 GIS 相结合的方法应用于华北平原盐渍化潮土样区，很好地表示出土壤质量的时空变化。张庆利等将地统计学方法与 GIS 相结合评价江苏省金坛市土壤质量。胡月明等探讨了基于 GIS 与层次分析模型和灰色关联综合评价模型的结合在土壤质量评价中的应用。王良杰等在 GIS 支持下，运用层次分析法与模糊数学、综合指数等方法对耕地的土壤质量进行综合评价。土壤质量评估的一个重要方向是将 GIS 与数学方法相结合，基于 GIS 的土壤质量评价方法有机结合空间分析和定量分析，极大地提高了农业决策的可靠性、客观性，有利于土壤资源的可持续利用。

3.2.1.4 主成分分析法

先将原始数据矩阵进行标准化处理，再针对各指标因子建立相关系数矩阵，根据累积贡献率来选择主成分的个数并建立主成分方程，然后分别计算各个主成分得分和综合得分，根据综合得分的区间合理划分土壤质量等级，从而对土壤质量进行综合评价。李方敏等利用主成分分析法对渍害土壤的肥力质量进行了综合评价，取得了很好的效果。刘广民等探讨了基于主成分分析法及 GIS 的环渤海区域土壤质量评价。

3.2.2 国外学者对土壤质量评估的研究进展

目前国外土壤质量定量评价方法主要包括多变量指标克立格法、土壤质量动力学法、土壤质量综合评分法和土壤相对质量评价法。

3.2.2.1 多变量指标克立格法

这种方法是将无数量限制的单个土壤质量指标通过相对应的标准转换为土壤质量指数，然后将其综合成为一个总的土壤质量指数。Smith 提出用于评价土壤质量的多变量指标克立格法。张庆利等运用克立格法获取了金坛市土壤质量分布图。多变量指标克立格法的优点是在 GIS 的支持下，在建立完整的土壤质量数据库的基础上，结合土壤过程模型，采用合适的数学评价模型，能够实现对土壤质量的自动评价和动态监测，并且可以把管理措施、经济和环境限制因子引入分析过程，其评价的空间尺度弹性大。缺点是过于复杂，需要大量的运算和专用的软件，并且在将单个土壤质量指标综合为土壤质量指数时采用的评价模型缺乏依据，提供的信息有限，因此该方法在提出后没有得到广泛的实际应用。

3.2.2.2 土壤质量动力学法

土壤质量是一个动态变化的过程，其土壤属性随着时间和空间的变化而变化，并且易受人类行为、管理措施以及农业实践的影响。Larson 提出土壤质量的动力学方法，这种方法是从数量和动力学角度对土壤质量进行定量评价，该方法非常适用于动态土壤质量的评价，可以做到土壤的可持续管理。

3.2.2.3 土壤质量综合评分法

通过建立各个元素的评价标准，利用简单乘法运算计算出土壤质量的大小，每个元素的权重由地理、社会和经济因素所决定。Doran 等提出土壤质量综合评分方法来研究土壤质量指数，将土壤质量评价分为 6 类特定的小范围的土壤质量评价，即：作物产量、抗侵蚀能力、地下水质量、地表水质量、大气质量和食物质量，根据不同的地理位置和气候情况，建立函数表达式，说明土壤功能与土壤性质的关系，通过构建土壤性质的最小数据集来评价土壤质量。许咏梅等应用综合评分法评价新疆灰漠土土壤质量的研究，该方法能真正反映土壤质量变化过程，有利于确定土壤的生产力。

3.2.2.4 土壤相对质量评价法

通过引入相对土壤质量指数（RSQI）评价土壤质量的变化，定量地表示所评价土壤的质量与理想土壤之间的差距。该方法简便合理，具有较强的针对性，其评价的是土壤的相对质量，RSQI 值可以反映土壤质量的升降程度，从一种土壤的 RSQI 值就可以明显而直观地得到这种土壤的质量状况，从而可以定量地评价土壤质量的变化，而且可以根据不同地区的不同土壤建立理想土壤，针对性强，选择代表性的土壤质量评价指标做出量化的评价结果，但是理想土壤的选择是该法的关键所在。Ho Ngoc Pham 等提出相对土壤质量指数法来评价水稻田土壤质量，取得较好效果。

3.3 技术路线

有居民东西连岛陆域土壤质量评价研究主要分为 3 个阶段，分别是土壤样本采集阶段、土壤样测定和处理阶段、土壤属性和空间插值分析阶段。详细的技术路线如图 3-1 所示。

3.4 东西连岛土壤样本采集方案设计和土壤样本采集

在研究区内首先采用地理网格法进行室内布点，而实际采样点位置需综合考虑当地地形、土壤质地、植物类型等确定。用 GPS 定位每个采样点位置，在一个网格内，采用对角线式方法采样，分别用木铲在 0~20 cm 土壤层中进行土样采集并混合均匀，得到该采样点的土壤样品。采集过程中，确保采样点在区域范围内均匀分布，共采集 39 个土壤样本。研究区域及采样点分布如图 3-2 所示，研究区采样点经纬度如表 3-1 所示。

表 3-1　研究区域采样点经纬度

序号	北纬（°N）	东经（°E）	序号	北纬（°N）	东经（°E）	序号	北纬（°N）	东经（°E）
LD1	34.77562	119.44091	LD14	34.76454	119.46685	LD27	34.75293	119.48323
LD2	34.77073	119.44567	LD15	34.75834	119.45843	LD28	34.75326	119.4841
LD3	34.77279	119.44302	LD16	34.7584	119.46252	LD29	34.75416	119.48658
LD4	34.77123	119.44571	LD17	34.75821	119.46178	LD30	34.75824	119.49178
LD5	34.77085	119.44582	LD18	34.75724	119.45972	LD31	34.75846	119.48758
LD6	34.76756	119.44091	LD19	34.75447	119.46256	LD32	34.75841	119.47923
LD7	34.76526	119.44574	LD20	34.7545	119.4654	LD33	34.7584	119.47922
LD8	34.76733	119.45117	LD21	34.75094	119.46286	LD34	34.75802	119.47546
LD9	34.7631	119.45004	LD22	34.75132	119.47115	LD35	34.7584	119.47093
LD10	34.76255	119.45419	LD23	34.74959	119.48012	LD36	34.76259	119.4709

序号	北纬（°N）	东经（°E）	序号	北纬（°N）	东经（°E）	序号	北纬（°N）	东经（°E）
LD11	34.75859	119.45461	LD24	34.74987	119.47998	LD37	34.76224	119.47504
LD12	34.76264	119.45778	LD25	34.75173	119.4705	LD38	34.76228	119.47504
LD13	34.76323	119.46288	LD26	34.75096	119.4726	LD39	34.76873	119.44262

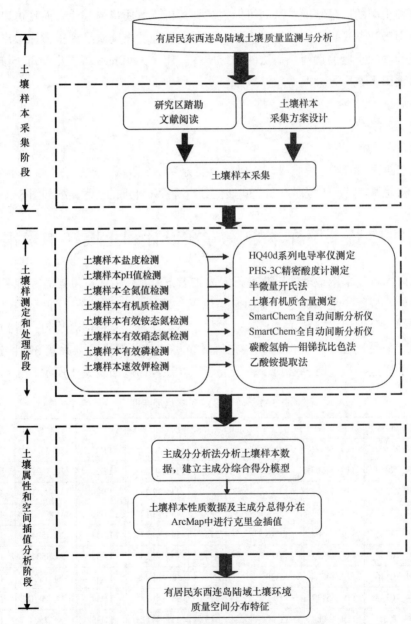

图 3-1　东西连岛陆域土壤质量评价研究技术路线

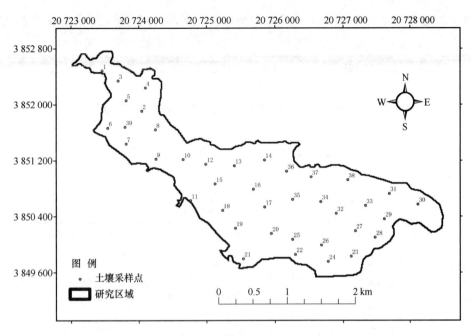

图 3-2　研究区域及采样点分布示意图

3.5　东西连岛土壤样本要素测定

东西连岛土壤样本测定要素包括土壤盐度、pH 值、全氮、有机质、有效铵态氮、有效硝态氮、有效磷、速效钾。

3.5.1　土壤样本盐度测定

使用 HQ40d 系列电导率仪进行土壤样本盐度检测，将电导率仪调整到测盐度模式，把电导率仪的玻璃电极轻轻触及土壤样本和蒸馏水 1∶10 的配比溶液中，按下绿色按钮，出现"正在检查"字符，等字符不再跳动时便可读出此时的读数，即是土壤样本的盐度，所测盐度如表 3-2 所示。

3.5.2　土壤 pH 值的测定

使用 PB-10 精密酸度计测量土壤样本 pH 值，具体操作步骤如下。

（1）开机：将电源线插入电源插座上，按下电源开关，接通电源后预热 30 min 左右。

（2）标定：在酸度计使用前，要先标定。一般来说，酸度计在连续使用多次时，每天都要进行标定。

（3）测量待测溶液的 pH 值：用蒸馏水清洗电极头部，用滤纸吸干，把电板浸入土壤样本和蒸馏水以 1∶5 的比例配比溶液中，搅拌溶液，使溶液均匀，在显示屏上读出溶液 pH 值。LED 显示屏上的 pH 值读数即为土壤样本的 pH 值，如表 3-2 所示。

3.5.3 土壤全氮、有机质、有效铵态氮、有效硝态氮、有效磷和速效钾的测定

在研究区域选择 39 个土壤样本进行土壤样本全氮、有机质、有效铵态氮、有效硝态氮、有效磷、速效钾的检测，测定结果如表 3-2 所示。

表 3-2 土壤测定数据结果统计

项目	全氮（g/kg）	有机质（g/kg）	有效铵态氮（mg/kg）	有效硝态氮（mg/kg）	有效磷（mg/kg）	速效钾（mg/kg）	盐度（g/kg）	pH 值
最大值	3.45	67	88.1	92.6	24.1	174	3.89	8.99
最小值	0.8	10	10.1	3.25	1.98	95	0.11	4.66
平均数	1.95	29.13	32.49	25.23	12.62	130.44	0.32	7.04
标准差	0.74	16.88	18.62	17.97	5.66	19.48	0.74	1.44

3.5.4 测定数据分析结果

对测定的全氮、有机质、有效铵态氮、有效硝态氮、有效磷、速效钾、盐度和 pH 值数据进行最大值、最小值、平均数和标准差分析，分析结果如表 3-2 所示。

3.6 东西连岛陆域土壤质量主成分分析

采用土壤质量主成分分析方法进行东西连岛土壤质量评价。主成分分析也称主分量分析，是利用变量族的少数几个线性组合新的变量法，来解释多维变量的协方差结构，挑选最佳变量子集，简化数据，揭示变量间关系的一种多元统计分析方法。

在土壤质量评价中的应用过程：通过建立原始数据矩阵，经过数据标准化处理，计算相关关系矩阵，分别求出主成分的方差贡献率及累积贡献率，选择主成分个数，然后求出相关矩阵的特征根和特征向量，建立主成分方程，然后计算各主成分得分和综合得分，根据综合得分区间划分土壤质量等级。使用 SPSS 统计软件中的因子分析进行土壤质量主成分分析，其中包含的步骤有数据标准化处理、Kaiser Meyer Olkin（KMO）型检验和巴特利特（Bartlett）的检验、相关系数矩阵分析、贡献率与累积贡献率分析、特征值和特征向量分析、旋转因子矩阵成分图分析和主成分综合得分。

3.6.1 数据标准化处理

土壤质量各指标具有不同的含义，因而在数量级和量纲上都不同，为了保证其客观性和科学性，需对原始数据矩阵进行标准化处理。采用 Z-score 方法对原始数据进行标准化，其中全盐和 pH 值在研究区内对于土壤质量而言是逆指标（即其值越高，对土壤表现性能就越不利），在进行标准化之前需要将其由逆指标转化为正指标，转化的方式采用逆指标的倒数代替原指标。土壤样本数据标准化处理后结果如表3-3~表3-10所示。

表 3-3　土壤样本全氮数据标准化结果

序号	全氮	序号	全氮	序号	全氮
LD1	−1.451	LD14	1.099	LD27	−1.265
LD2	−1.448	LD15	−0.864	LD28	−0.837
LD3	−1.482	LD16	−0.903	LD29	−0.399
LD4	1.842	LD17	−0.784	LD30	0.423
LD5	1.988	LD18	−0.704	LD31	0.662
LD6	−0.731	LD19	0.569	LD32	0.715
LD7	0.516	LD20	0.834	LD33	0.197
LD8	0.662	LD21	0.794	LD34	−0.598
LD9	0.595	LD22	0.516	LD35	−1.009
LD10	−1.425	LD23	0.038	LD36	−0.996
LD11	−1.527	LD24	0.808	LD37	0.463
LD12	1.325	LD25	0.224	LD38	0.728
LD13	1.365	LD26	0.516	LD39	−0.452

表 3-4　土壤样本有机质数据标准化结果

序号	有机质	序号	有机质	序号	有机质
LD1	−1.002	LD14	1.489	LD27	−0.926
LD2	−1.118	LD15	−0.914	LD28	−0.721
LD3	−1.002	LD16	−0.838	LD29	−0.078
LD4	2.097	LD17	−0.399	LD30	0.244
LD5	2.214	LD18	−0.323	LD31	0.723
LD6	−0.896	LD19	−0.043	LD32	1.139
LD7	1.571	LD20	0.285	LD33	0.285
LD8	1.045	LD21	0.343	LD34	−0.534
LD9	0.694	LD22	0.168	LD35	−0.849
LD10	−0.966	LD23	−1.002	LD36	−0.838
LD11	−1.031	LD24	−0.768	LD37	−0.773
LD12	1.618	LD25	−0.183	LD38	−0.510
LD13	1.793	LD26	0.051	LD39	−0.048

表 3-5　土壤样本有效铵态氮数据标准化结果

序号	有效铵态氮	序号	有效铵态氮	序号	有效铵态氮
LD1	−1.081	LD14	−0.493	LD27	0.064
LD2	−1.187	LD15	−0.890	LD28	0.520
LD3	−1.134	LD16	−0.827	LD29	1.341
LD4	0.112	LD17	−0.689	LD30	1.389
LD5	0.170	LD18	−0.578	LD31	0.440
LD6	−0.943	LD19	−0.302	LD32	−0.323
LD7	−0.418	LD20	−0.079	LD33	0.112
LD8	−0.360	LD21	−0.132	LD34	1.288
LD9	−0.519	LD22	−0.238	LD35	2.948
LD10	−0.975	LD23	−0.397	LD36	1.861
LD11	−1.070	LD24	−0.132	LD37	2.296
LD12	−0.350	LD25	−0.238	LD38	1.686
LD13	−0.302	LD26	−0.185	LD39	−0.381

表 3-6　土壤样本有效硝态氮数据标准化结果

序号	有效硝态氮	序号	有效硝态氮	序号	有效硝态氮
LD1	−0.946	LD14	−1.207	LD27	−0.111
LD2	−0.892	LD15	0.399	LD28	0.311
LD3	−0.946	LD16	0.691	LD29	0.844
LD4	0.515	LD17	0.784	LD30	0.965
LD5	0.691	LD18	0.877	LD31	0.515
LD6	0.290	LD19	1.146	LD32	−0.915
LD7	−0.035	LD20	3.701	LD33	−0.924
LD8	0.141	LD21	1.086	LD34	−0.913
LD9	0.031	LD22	0.811	LD35	−0.905
LD10	−0.837	LD23	0.482	LD36	−0.954
LD11	−0.946	LD24	0.152	LD37	−0.916
LD12	−1.184	LD25	0.372	LD38	−0.949
LD13	−1.149	LD26	0.482	LD39	−0.556

表 3-7 土壤样本有效磷数据标准化结果

序号	有效磷	序号	有效磷	序号	有效磷
LD1	−0.039	LD14	−0.726	LD27	−1.857
LD2	−0.143	LD15	0.014	LD28	−1.159
LD3	−0.213	LD16	0.153	LD29	−0.288
LD4	0.52	LD17	0.363	LD30	1.061
LD5	0.904	LD18	0.45	LD31	−0.304
LD6	0.049	LD19	0.904	LD32	−1.006
LD7	−0.178	LD20	1.777	LD33	−1.26
LD8	0.206	LD21	1.288	LD34	−1.435
LD9	−0.318	LD22	0.939	LD35	−1.794
LD10	0.31	LD23	0.59	LD36	−1.407
LD11	−0.056	LD24	0.939	LD37	−1.02
LD12	−0.864	LD25	1.288	LD38	−0.65
LD13	−0.674	LD26	1.637	LD39	2.003

表 3-8 土壤样本速效钾数据标准化结果

序号	速效钾	序号	速效钾	序号	速效钾
LD1	−0.529	LD14	0.028	LD27	−0.327
LD2	−1.036	LD15	−1.796	LD28	−0.529
LD3	−0.935	LD16	−1.629	LD29	−0.631
LD4	2.005	LD17	−1.137	LD30	−0.529
LD5	1.751	LD18	−0.327	LD31	0.738
LD6	−1.644	LD19	0.282	LD32	2.208
LD7	0.484	LD20	1.498	LD33	0.991
LD8	0.231	LD21	0.991	LD34	0.231
LD9	−0.022	LD22	0.738	LD35	−0.783
LD10	0.484	LD23	−0.529	LD36	−0.276
LD11	−1.543	LD24	0.687	LD37	0.282
LD12	0.484	LD25	0.079	LD38	−1.087
LD13	0.231	LD26	0.636	LD39	0.231

表 3-9　土壤样本全盐数据标准化结果

序号	全盐	序号	全盐	序号	全盐
LD1	0.074	LD14	0.902	LD27	-0.315
LD2	0.311	LD15	-3.067	LD28	0.584
LD3	0.584	LD16	-0.478	LD29	0.311
LD4	0.902	LD17	0.902	LD30	0.311
LD5	0.902	LD18	-0.133	LD31	0.311
LD6	-3.110	LD19	0.074	LD32	0.584
LD7	0.902	LD20	-1.250	LD33	0.584
LD8	-0.872	LD21	-0.623	LD34	0.584
LD9	-0.133	LD22	0.074	LD35	0.584
LD10	0.074	LD23	0.584	LD36	-0.133
LD11	-1.964	LD24	0.584	LD37	-0.478
LD12	1.278	LD25	-0.133	LD38	0.902
LD13	0.584	LD26	-0.872	LD39	0.074

表 3-10　土壤样本 pH 值数据标准化结果

序号	pH 值	序号	pH 值	序号	pH 值
LD1	-1.025	LD14	1.994	LD27	0.051
LD2	-0.844	LD15	-0.782	LD28	0.963
LD3	-1.133	LD16	-0.564	LD29	-0.844
LD4	-0.201	LD17	1.189	LD30	1.422
LD5	0.251	LD18	-0.918	LD31	-1.080
LD6	-1.133	LD19	0.163	LD32	1.287
LD7	-0.454	LD20	-0.290	LD33	1.287
LD8	-0.707	LD21	-0.980	LD34	1.626
LD9	-0.678	LD22	-1.087	LD35	1.189
LD10	0.038	LD23	-0.960	LD36	-0.879
LD11	-0.960	LD24	1.354	LD37	-0.331
LD12	1.469	LD25	-0.421	LD38	1.003
LD13	1.243	LD26	-0.538	LD39	0.281

3.6.2　KMO 和 Bartlett 的检验

　　KMO 检验统计量是用来比较变量间简单相关系数和偏相关系数的指标。KMO 的取值在 0~1 之间，当所有变量间的简单相关系数平方和远远大于偏相关系数平方和时，KMO

值接近 1。KMO 值越接近 1，说明变量之间相关性越强，原有的变量适合做因子分析。KMO 大于 0.5 时，说明变量之间具有相关性，能够做因子分析。本书研究变量的 KMO 值为 0.625，故能做因子分析。巴特利特（Bartlett）球度检验统计量是通过计算相关系数矩阵的行列式得到的，且近似服从卡方分布，如果该值较大，且其对应的相伴概率值小于用户心中的显著性水平，那么应该拒绝零假设，认为相关系数矩阵不可能是单位阵，即原始变量之间存在相关性，适合于做主成分分析。本书中巴特利特球度检验近似卡方值为 137.103，可以进行主成分分析，其中 Sig. 为显著性水平，通常与 0.05 比较，小于 0.05 即表示适合做主成分分析，显著性水平值为 0，适合做主成分分析，KMO 和 Bartlett 检验值如表 3-11 所示。

表 3-11　KMO 和 Bartlett 检验值

取样足够度的 KMO 度量	Bartlett 球形度检验		
	近似卡方	自由度 df	Sig.
0.625	137.103	28	0.000

3.6.3　各指标的相关系数矩阵分析

用相关系数矩阵公式可以计算出土壤质量指标之间的相关系数矩阵，结果如表 3-12 所示。

表 3-12　土壤质量指标相关系数矩阵

	全氮	有机质	有效铵态氮	有效硝态氮	有效磷	速效钾	全盐	pH 值
全氮	1.000							.
有机质	0.840**	1.000						
有效铵态氮	0.142	-0.037	1.000					
有效硝态氮	0.236	0.083	-0.087	1.000				
有效磷	0.258	0.109	-0.393*	0.629**	1.000			
速效钾	0.702**	0.676**	0.082	0.180	0.204	1.000		
全盐	0.318*	0.377*	0.254	-0.273	-0.208	0.385*	1.000	
pH 值	0.296	0.282	0.334*	-0.269	-0.307	0.213	0.506**	1.000

注：* 表示显著程度 P 值小于 0.05 水平下具有统计学意义；* * 表示显著程度 P 值小于 0.01 水平下具有统计学意义。

由表 3-12 可知，土壤全氮与有机质、速效钾呈极显著性正相关，与全盐呈显著性正相关；土壤有机质与速效钾呈极显著性正相关，与全盐呈显著性正相关；土壤有效铵态氮与有效磷呈显著性负相关，与 pH 值呈显著性正相关；土壤有效硝态氮与有效磷呈极显著性正相关；土壤速效钾与全盐呈显著性正相关；土壤全盐与 pH 值呈极显著性正相关。

土壤全氮、有机质和速效钾含量有利于农作物的生长，能够为土壤增加养分，所以土壤全氮与有机质、速效钾呈极显著性正相关关系；该研究区域内土壤的钾元素主要来源于成土母质，在砂质土壤中，钾元素含量较高，而土壤内的盐分容易在含钾量高的土壤中积聚，故土壤速效钾与全盐呈显著性正相关关系；土壤全盐和 pH 值都不利于农作物生长和土壤养分的形成，故土壤全盐与 pH 值之间呈显著性正相关关系。

3.6.4 特征值与贡献率分析

特征值及贡献率结果如表 3-13 所示，表中 E 为特征值，σ 为各成分解释方差占总方差的百分比，σ_c 为累积方差的百分比，C 为贡献率，C_c 为累积贡献率。根据特征值大于 1 的原则选取两个主成分，前两个主成分的特征值分别为 2.953 和 2.262，贡献率分别为 36.423% 和 28.761%，累积贡献率达到 65.185%，特征值之和为 5.215，表明原来 8 个指标所反映结果可由前两个主成分表征。图 3-3 为旋转因子矩阵的碎石图，由图可知，折线图在第一、第二成分处很陡，在第三成分之后逐渐缓和下来，说明第一、第二成分能够表征 8 个指标反映的结果，所以选择第一、第二成分为主成分。

表 3-13 主成分特征值和方差贡献率

主成分	相关矩阵特征值			旋转相关矩阵方差贡献率		
	E	$\sigma\%$	$\sigma_c\%$	E	$C\%$	$C_c\%$
1	2.953	36.910	36.910	2.914	36.423	36.423
2	2.262	28.274	65.185	2.301	28.761	65.185
3	0.929	11.615	76.800			
4	0.624	7.800	84.600			
5	0.515	6.438	91.037			
6	0.323	4.035	95.073			
7	0.295	3.692	98.764			
8	0.099	1.236	100.000			

3.6.5 特征值与特征向量

主成分因子载荷是原始变量因子与主成分因子之间的相关系数，表 3-14 为旋转因子载荷矩阵值 A 和相对应的特征向量值 B，先对相对应的特征值开平方，然后用因子载荷矩阵值除以特征值开方后的数值，得到的结果即为旋转因子载荷矩阵的特征向量。由表 3-14 可知，全氮、有机质、速效钾在第一主成分上的载荷值较大，且都为正向负荷，载荷值分别为 0.924、0.884 和 0.854，说明全氮、有机质和速效钾与第一主成分之间相关性很

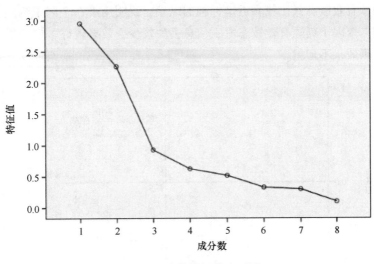

图 3-3　成分特征值碎石图

高，表明土壤内的全氮、有机质和速效钾含量显著影响土壤质量高低，且对土壤质量产生积极影响，即在一定范围内土壤中的全氮、有机质和速效钾的含量越高，对土壤质量高低的作用越大。由于在因子矩阵中全盐和 pH 值为其倒数，且矩阵中全盐、pH 值载荷值分别为 0.499 和 0.382，表明全盐和 pH 值与土壤质量呈负相关，全盐和 pH 值对东西连岛陆域土壤质量产生负面作用。

表 3-14　主成分因子载荷矩阵值及特征向量

指标	A		B	
	第一主成分	第二主成分	对应第一主成分的特征向量	对应第二主成分的特征向量
全氮	0.924	−0.043	0.538	−0.029
有机质	0.884	0.035	0.514	0.023
有效铵态氮	0.105	0.56	0.061	0.372
有效硝态氮	0.256	−0.732	0.149	−0.487
有效磷	0.28	−0.817	0.163	−0.543
速效钾	0.854	−0.022	0.497	−0.015
全盐	0.499	0.584	0.29	0.388
pH 值	0.382	0.663	0.222	0.441

3.6.6　旋转空间中的成分图

图 3-4 为因子矩阵旋转空间中的成分图，由图可知，全氮、有机质和速效钾比较靠近

坐标轴的横轴，有效铵态氮比较靠近坐标轴的纵轴，说明用第一个因子刻画全氮、有机质和速效钾，第二个因子刻画有效铵态氮，信息丢失较少，效果较好，但如果用一个因子表述其他变量，则效果不理想。

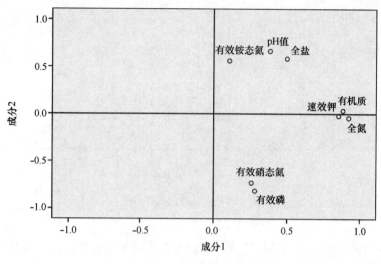

图3-4　旋转空间中的成分

3.6.7　主成分得分和总得分

对土壤质量进行综合评价，为不同级别土壤质量通过主成分得分分值的大小进行排序，矩阵成分得分系数如表3-15所示，矩阵成分得分系数与各土壤属性值标准化处理后得到的数据相乘，然后求它们的和，得到2个主成分得分表达公式为：

$$F_1 = 0.319X_1 + 0.304X_2 + 0.023X_3 + 0.106X_4$$
$$+ 0.116X_5 + 0.295X_6 + 0.158X_7 + 0.116X_8$$
$$F_2 = -0.041X_1 - 0.006X_2 + 0.242X_3 - 0.325X_4$$
$$- 0.363X_5 - 0.03X_6 + 0.243X_7 + 0.28X_8$$

式中，F_1、F_2分别为第一、第二主成分得分；X_1、X_2、X_3、X_4、X_5、X_6、X_7和X_8分别为全氮、有机质、有效铵态氮、有效硝态氮、有效磷、速效钾、全盐和pH值经过标准化处理后的数值。用第一、第二主成分旋转相关矩阵方差贡献率作为权重，计算得到主成分综合得分模型，即：

$$F = C_1F_1 + C_2F_2$$

式中，F为主成分综合得分；C_1、C_2分别为第一、第二主成分的旋转相关矩阵方差贡献率，分别为0.364 23和0.286 1，得到主成分综合得分模型：

$$F = 0.104X_1 + 0.109X_2 + 0.078X_3 - 0.055X_4$$
$$- 0.062X_5 + 0.099X_6 + 0.127X_7 + 0.123X_8$$

表 3-15 矩阵成分得分系数

指标	第一主成分	第二主成分
全氮	0.319	-0.041
有机质	0.304	-0.006
有效铵态氮	0.023	0.242
有效硝态氮	0.106	-0.325
有效磷	0.116	-0.363
速效钾	0.295	-0.030
全盐	0.158	0.243
pH 值	0.116	0.280

3.7 东西连岛陆域土壤质量评价

3.7.1 东西连岛土壤质量空间分布

将土壤样本中全氮、有机质、有效铵态氮、有效硝态氮、有效磷、速效钾、全盐和pH 值数据在 ArcMap 软件中进行克里金插值获得土壤各类性质空间分布图，如图 3-5~图 3-12 所示。

图 3-5 为东西连岛陆域土壤全氮含量空间分布。从图中可以看出：东西连岛陆域大部分区域土壤全氮含量集中在 1.56~2.44 mg/kg；在西连岛的北岸，大沙湾沙滩浴场的西北侧土壤全氮含量偏高，而在西连岛渔船停泊码头附近、游轮附近和水岛附近陆域土壤全氮含量最低。

图 3-6 为东西连岛陆域土壤有机质含量空间分布。从图中可以看出：东西连岛陆域土壤有机质含量主要集中在 21.25~44.34 mg/kg；西连岛区域土壤有机质含量要高于东连岛。西连岛区域村庄多，土壤有机质含量较为丰富，其他区域多为山脉，土壤有机质含量相对偏低。

图 3-7 为东西连岛陆域土壤有效铵态氮含量空间分布。从图中可以看出：东连岛区域有效铵态氮含量空间分布呈现区域连续分布的特征，东连岛区域呈现以苏马湾为中心，逐渐递减的环状分布特点；西连岛则呈现以大沙湾为中心，逐渐递减的环状分布特点；而大路结合部则呈现单一特征。东连岛区域有效铵态氮含量较高，西连岛区域有效铵态氮含量偏低，大路结合部区域土壤有效铵态氮含量最低。东连岛区域多为山地，植物众多，高含量的有效铵态氮能够为植物提供养料，维护整个连岛的森林资源，为连岛生态环境提供保障；人口居住地及连岛景区多分布在西连岛区域，有效铵态氮含量较低。

图 3-8 为东西连岛陆域土壤有效硝态氮含量空间分布。从图中可以看出：研究区土壤

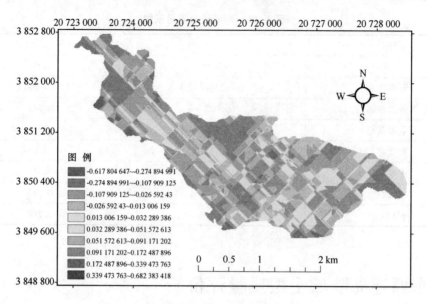

图 3-5 东西连岛陆域土壤全氮含量空间分布

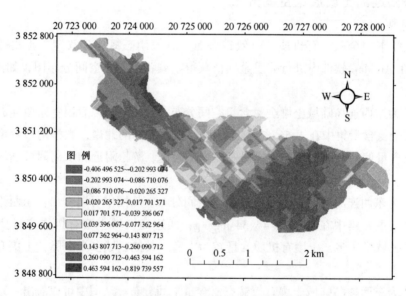

图 3-6 东西连岛陆域土壤有机质含量空间分布

有效硝态氮含量空间分布呈现块状分布特征；东连岛区域呈现由南向北逐渐递减的趋势，西连岛区域由东到西呈现逐渐递减的趋势，大路结合部区域特征较单一。土壤有效硝态氮含量高值区域主要分布在东连岛的南岸和东岸。

图 3-9 为东西连岛陆域土壤有效磷含量空间分布。从图中可以看出：在东连岛山地区域，土壤有效磷含量空间分布呈现从底部到顶部逐渐递减的趋势；西连岛区域，土壤有效

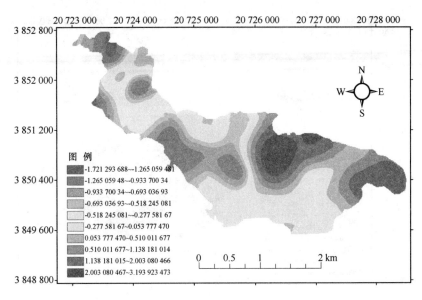

图 3-7　东西连岛陆域土壤有效铵态氮含量空间分布

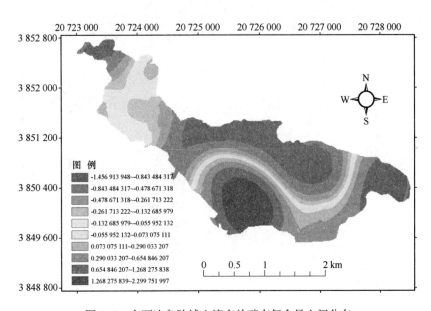

图 3-8　东西连岛陆域土壤有效硝态氮含量空间分布

磷含量空间分布呈现斑块化分布特点，而大路结合部土壤有效磷含量空间分布相对单一，大部分集中在 6.04~7.21 mg/kg。

图 3-10 为东西连岛陆域土壤速效钾含量空间分布。从图中可以看出：东连岛和西连岛区域，土壤速效钾含量空间分布特征不一致；在东连岛区域，以南北方向的中部为主线，从主线向两侧土壤速效钾含量空间分布呈现逐渐递减的趋势；在西连岛和大路结合部区域，从西连岛北岸至南岸，沿着东北向呈现逐渐递减的趋势。

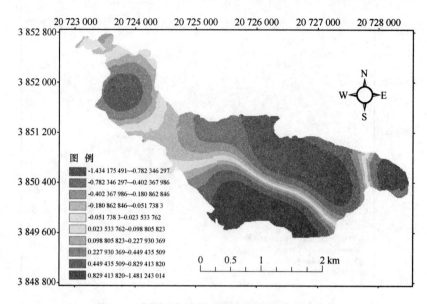

图 3-9　东西连岛陆域土壤有效磷含量空间分布

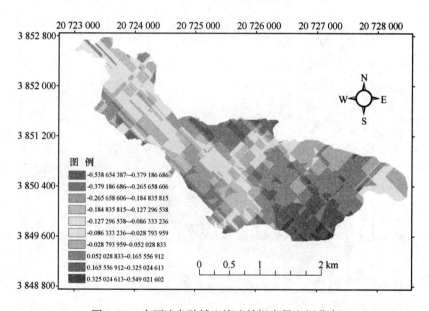

图 3-10　东西连岛陆域土壤速效钾含量空间分布

　　图 3-11 为东西连岛陆域土壤全盐含量空间分布。从图中可以看出：东西连岛北岸土壤全盐含量低于南岸；且在西连岛和东连岛的西部区域，土壤全盐含量空间分布呈现斑块状分布特点。

　　图 3-12 为东西连岛陆域土壤 pH 值空间分布。从图中可以看出：研究区土壤 pH 值空间分布总体上呈现由南向北逐渐递减的连续片状分布特征。

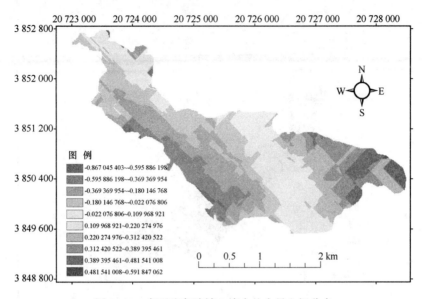

图 3-11 东西连岛陆域土壤全盐含量空间分布

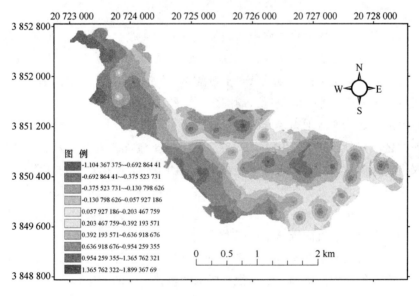

图 3-12 东西连岛陆域土壤 pH 值空间分布

3.7.2 东西连岛陆域土壤质量评价

根据主成分得分模型计算出主成分得分值，并对其进行空间克里金插值分析，结合实际需要，将综合得分按自然间断点分级法划分为不同的区域，分别表示不同等级的土壤质量，得出东西连岛陆域土壤质量空间评价结果，如图 3-13 所示。

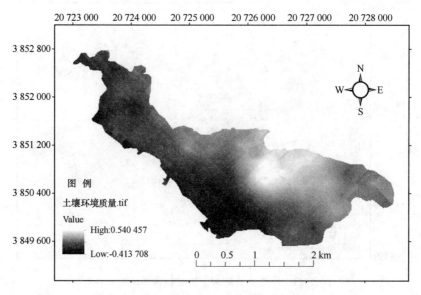

图3-13　东西连岛陆域土壤质量空间评价

　　从图中可以看出：整体上可将研究区域地力划分为4级，有针对性地对各级地力土壤养分、盐分和肥力进行分析。一级地力区域得分区间为0.261～0.589，该区域土壤养分丰富，土壤肥力较高，土壤全盐含量较低，土壤酸碱性适宜，有利于农作物以及森林树木的生长。该区域位于东连岛苏马湾附近，周围多为山脉，山上植物生长茂密，是整个连岛生态环境的调节剂，是研究区地力提升的重要地区，需要重点保护和改良。

　　二级地力区域得分区间为0.014～0.261，该区域土壤养分较为丰富，土壤肥力较高，比较适于农作物及树木的生长，该区域主要位于东西连岛北侧山坡及村庄附近，土壤质量较高。由于生态环境的污染，使得农业用地（占有面积极少）土壤肥力下降，不利于农作物生长，这类区域需重点改良，提升二级地力区域土壤肥力，将会对连岛地区农业生产有较大贡献，同时也有利于巩固森林土壤肥力。

　　三级、四级地力区域主要位于东西连岛的南岸及南侧山坡，该部分土壤养分较低，全盐含量较高，土壤偏碱性，不利于农作物及树木的生长。这两类区域土壤质量较低，究其原因在很大程度上是由于建筑用地的增加所致。一方面，在连岛的外围建立公路，虽然有利于整个连岛旅游业的发展，但是忽略了土地利用对东西连岛陆域土壤带来的负面作用；另一方面，东西连岛南岸近年来不断建设游轮基地、帆船旅游基地、国防兵营基地和油库储存基地等建筑用地，对土壤质量的负面影响较大。提升和改良这两类区域的土壤肥力要有针对性，对于未被建筑物和道路占用的区域要加强土壤环境质量的监管和改良，对于存在建筑物和道路的区域更要严加管理，争取使得土地利用变化所带来的效益最大化。

3.8　本章小结

采用影响东西连岛陆域土壤质量的 8 个关键土壤指标，利用主成分分析法和 GIS 对东西连岛陆域土壤质量进行评价，获得以下主要结论。

（1）使用主成分分析法能有依据地说明土壤环境质量指标和得分模型之间的相关性和差异性，能够很清晰地确定影响土壤质量好坏的主要成分。

（2）全氮、有机质和速效钾含量在第一主成分上是正向负荷，载荷值较大，说明全氮、有机质和速效钾含量显著影响连岛陆域土壤质量的高低，并且存在积极影响。提高全氮、有机质和速效钾含量，就可以明显提高土壤质量；而全盐含量和 pH 值在第一主成分上的载荷值均为负值，表明土壤全盐含量和 pH 值是影响连岛陆域土壤质量的负面影响因子，降低土壤全盐含量，维持 pH 值的稳定能够有效地提高土壤质量。

（3）在空间分布上，东西连岛的土壤质量综合得分具有强烈的分带性，依据得分值将研究区划分为 4 个等级区域。整体来说，连岛陆域土壤质量较高，土壤养分较为丰富。通过分析影响每一级区域土壤质量好坏的主要因子，有助于制定提高东西连岛土壤质量的有效措施，为东西连岛土壤利用管理决策提供正确的借鉴和参考。

参考文献：

邓聚龙. 灰色系统基本方法 ［M］. 武汉：华中理工大学出版社，1987：17-41.

范君华，刘明. 南疆棉田土壤质量的灰色关联度分析 ［D］. 塔里木大学生命科学学院学位论文，2010，4：1-3.

房全孝. 土壤质量评价工具及其应用研究进展 ［J］. 土壤通报，2013，44（2）：496-503.

胡月明，吴谷丰，江华，等. 基于 GIS 与灰关联综合评价模型的土壤质量评价 ［J］. 西北农林科技大学学报：自然科学版，2001，29（4）：39-42.

黄婷，岳西杰，葛玺祖，等. 基于主成分分析的黄土沟壑区土壤肥力质量评价——以长武县耕地土壤为例 ［J］. 干旱地区农业研究，2010，5：1-8.

李方敏，艾天成，周治安，等. 用主成分分析法评价渍害土壤肥力 ［J］. 地域研究与开发，2001，20（4）：65-67.

李新举，胡振琪，刘宁，等. 基于 3S 技术的黄河三角洲土壤质量自动化评价方法研究 ［J］. 农业工程学报，2005，10：59-63.

李月芬，汤洁，林年丰，等. 灰色关联度法在草原土壤质量评价中的应用 ［J］. 吉林农业大学学报，2003，25（5）：551-556.

廖桂堂，李廷轩，王永东，等. 基于 GIS 和地统计学的低山茶园土壤肥力质量评价 ［J］. 生态学报，2007，5：1-8.

刘广明，吕真真，杨劲松，等. 基于主成分分析法及 GIS 的环渤海区域土壤质量评价 ［J］. 排灌机械工程学报，2015，33（1）：67-72.

刘廉海. 3S 技术在厦门市土壤侵蚀监测和评价上的应用 ［J］. 水土保持通报，2006，26（5）：79-81.

刘占锋，傅伯杰，刘国华，等. 土壤质量与土壤质量指标及其评价 ［J］. 生态学报，2006，26（3）：

901-913.

齐伟, 张凤荣, 牛振国, 等. 土壤质量时空变化一体化评价方法及其应用 [J]. 土壤通报, 2003, 34 (1): 1-5.

汪媛媛, 杨忠芳, 余涛. 土壤质量评价研究进展 [J]. 安徽农业科学, 2011, 39 (36): 22617-22622, 22657.

王良杰, 赵玉国, 郭敏, 等. 基于 GIS 与模糊数学的县级耕地地力质量评价研究 [J]. 土壤, 2010, 42 (1): 131-135.

王玲. 基于 GIS 和 RS 的干旱区绿洲耕地质量评价方法及应用研究 [D]. 石河子大学农学院学位论文, 2011, 6: 1-118.

王艳. 连云港市土地生态安全动态评价和体系建设的研究 [D]. 南京大学学位论文, 2011, 5: 1-70.

魏志远, 孙娟, 李松刚, 等. 海南中西部荔枝园土壤肥力的灰色关联度评价 [J]. 热带作物学报, 2013, 34 (10): 1883-1887.

夏建国, 李廷轩, 邓良基, 等. 主成分分析法在耕地质量评价中的应用 [J]. 西南农业学报, 2000, 13 (2): 51-55.

许咏梅, 王讲利, 刘骅. 应用综合评分法评价新疆灰漠土土壤质量的研究 [J]. 土壤通报, 2005, 4: 465-468.

杨奇勇, 杨劲松, 姚荣江, 等. 基于 GIS 和改进灰色关联模型的土壤肥力评价 [J]. 农业工程学报, 2010, 26 (4): 100-105.

张庆利, 史学正, 潘贤章, 等. 江苏省金坛市土壤肥力的时空变化特征 [J]. 土壤学报, 2004, 41 (2): 315-319.

张贞, 魏朝富, 高明, 等. 土壤质量评价方法进展 [J]. 土壤通报, 2006, 37 (5): 999-1006.

张志锋. 基于 3S 技术的湿地生态环境质量评价——以野鸭湖湿地为例 [D]. 首都师范大学学位论文, 2004, 5: 1-81.

ANDREWS S S, MITCHELL J P, MANCINELLI R, et al. On-farm assessment of soil quality in California's Central Valley [J]. Agron. J., 2002, 94: 12-23.

Ho Ngoc Pham, Hai Xuan Nguyen, Anh NgocNguyen, et al. Aggregate Indices Method in Soil Quality Evaluation Using the Relative Soil Quality Index [J]. Applied and Environmental Soil Science, 2015: 1-8.

LARSON W E, PIERCE F J. The dynamics of soil quality as a measure of sustainable management [J]. Soil Science, 1994, 551 (1): 37-51.

SMITH J L, HALVORSON J J, PAPENDICK R I. Using multiple-variable indicator kriging for evaluating soil quality [J]. Soil Science Society of America Journal, 1993, 57: 743-749.

Wang X J, Gong Z T. Assessment and analysis of soil quality changes after eleven years of reclamation in subtropical China [J]. Geoderma, 1998, 81: 339-355.

4　东西连岛陆域植被叶绿素含量的高光谱反演

4.1　研究目的和意义

为了解海岛脆弱的生态系统和海岛生态系统的可持续发展情况，本书以东西连岛植被为研究对象，应用高光谱遥感技术探讨东西连岛植被叶绿素含量的反演研究。

叶绿素含量是植物营养胁迫、光合作用能力和生长状况的良好指示剂。生长作物的营养状况与其光谱特性密切相关，而叶片的光谱特征分析则是植被光谱特征分析的基础。由于植被反射光谱在可见光范围受植被叶绿素的强烈吸收影响，反射率较低；在近红外区域则受叶片内部结构等影响，呈现高反射特征的原理。所以，可利用遥感手段大面积地估算植被叶绿素含量，这对研究植被生长发育、提高管理和养护水平有极其重要的作用，也可为了解和保护海岛生态系统提供基础资料，从而为促进海岛生态系统的健康与可持续发展提供必要的参考依据。

传统叶绿素含量的测定采用的是化学分析法，需要采集叶片样本，运送到实验室，使用分光光度计测出提取液在两个特定波长处的吸光度，再根据公式计算出叶绿素含量，这种方法耗时费力，对植被造成损伤，且样本从野外运到实验室这一过程可能造成叶绿素含量的损失，影响测定精度。为满足实时快速检测的目的，现在已经大量运用遥感手段和建立反演模型的方法来估算植被叶绿素含量。

本书基于实测东西连岛植被高光谱数据和叶绿素含量，建立相关反演模型从而实现对东西连岛植被叶绿素含量的高光谱反演。

4.2　国内外研究现状

4.2.1　国内研究现状

基于研究目的、研究对象和范围的不同，国内学者对农作物类型植被叶绿素含量的高光谱估测已经做了很多不同方面的研究，梁亮等以最小二乘支持向量回归算法建立了小麦冠层叶绿素含量反演模型，对小麦冠层叶绿素含量进行了高光谱反演研究；杨可明等以盆栽玉米为研究对象，利用植被特征和主成分分析方法提取光谱反演参数，根据所提取的参数建立玉米叶片叶绿素含量的一元线性和多元线性回归模型进行研究；王晓星等通过对冬小麦所测的原始光谱反射率及其一阶导数光谱与叶绿素相对含量进行了相关分析，建立了基于敏感波段、红边位置、原始光谱峰度和偏度、一阶导数光谱峰度和偏度的叶绿素估算模型，并进行检验，从中筛选出精度最高的模型，从而对其叶绿素含量进行了估算；卢霞则通过应用线性回归和非线性模拟的方法构建大米草叶绿素含量的高光谱估算模型进行研究；褚武道等通过波段光谱反射率与叶片叶绿素含量基于偏最小二乘法模型进行建模，从而对樟树叶片叶绿素含量进行估算研究；岳学军等利用支持向量机算法和在小波去噪的基础上利用偏最小二乘回归算法对柑橘叶片叶绿素含量进行建模研究；孙阳阳等通过采集玉米叶片高光谱数据和测定叶绿素含量，并对光谱数据进行对数一阶微分变换，对比选取建模反演因子，根据选定的反演因子采用线性回归、模糊识别和 BP（Back Propagation）神经网络方法建立了玉米叶片叶绿素含量高光谱反演模型，并计算模型精度，从而得出玉米叶片叶绿素含量反演的最佳模型；宁艳玲等在对各种光化学植被指数与叶绿素含量进行敏感性分析的基础上，提取出了对叶绿素变化较为敏感的组合形式，并考虑土壤背景影响，提出了一种改进的 PRI（Photochemical Reflectance Index）模型用于植被冠层叶绿素含量反演；姜海玲等通过分别计算采集的光谱数据的归一化差值植被指数、综合叶绿素光谱指数、三角形植被指数及通用植被指数，再将 4 种光谱指数与叶绿素含量进行回归分析，从而得到植被叶绿素含量反演的最佳植被指数，并对光谱指数反演植被叶绿素含量的精度及稳定性进行了研究。

4.2.2　国外研究现状

相较于国内，国外学者对该方面的研究使用了与国内学者不同的建模方法和反演模型。比如 Chapelle 的 RARSa（R_{700}/R_{650}）指数和 Blackburn 的 PSSRb（R_{800}/R_{635}）指数，通过统计分析提取敏感波段并进行组合以构建模型，并把该模型用于植被叶绿素含量的反演；还有基于特征光谱位置变量的分析技术，主要以提取红边位置及其相关参数作为模型输入量进行反演；Rafael M. Navarro-Cerrillo 等通过高光谱和多光谱卫星遥感对地中海人工林中樟子松叶绿素含量进行了映射和估算。这些研究都说明了利用遥感手段大面积地估算植被叶绿素含量已经在世界范围内被广泛运用。

4.2.3　植被叶绿素含量的高光谱反演研究的数据来源

目前国内外对植被叶绿素含量的高光谱反演研究的数据来源主要分为两类：一是遥感数据；二是非遥感数据。

遥感数据中，有通过机载高光谱影像作为研究数据的，如李明泽等利用黑龙江省伊春市凉水国家自然保护区机载高光谱数据进行处理、建模，从而对该研究区植被冠层叶绿素相对含量进行定量估算；还有通过星载高光谱影像作为研究数据的，如丰明博等基于 Hyperion 等高光谱传感器数据利用经验方法建模从而比较精确地反演出张掖地区植被的叶绿素含量。

非遥感数据主要分为光谱数据和叶绿素含量数据，其中主要使用 SVC HR-1024I、ASD 便携式野外光谱仪、PSR-3500 光谱仪等仪器直接测量得到光谱数据；用 CCM-300 荧光叶绿素仪、SPAD-502 叶绿素计等仪器直接测定得到叶绿素含量数据，也可以运用化学方法，先通过 80% 丙酮处理叶片，再通过分光光度计测定，从而得到叶片的叶绿素含量数据。

4.2.4　植被叶绿素含量的高光谱反演研究的研究方法

国内外学者在以高光谱遥感技术为基础构建叶绿素含量反演模型时，主要基于三类方法：一是基于多元统计分析法，包括光谱反射率、导数光谱、植被指数、去包络线方法；二是基于特征光谱位置变量的分析技术，包括红边位置、绿峰位置等；三是光学传输模型方法。

4.3　技术路线

东西连岛陆域植被叶绿素含量的高光谱反演研究的总体技术路线分为三个阶段：第一阶段，对连云港市东西连岛的植被类型做相关调查和分析，设计采样方案，进行采样工作；第二阶段，对相关光谱和叶绿素含量数据进行预处理；第三阶段，通过分析数据，运用多元逐步线性回归和曲线拟合的方法建立叶绿素含量的反演模型。详细的技术路线如图 4-1 所示。

4.4　光谱数据的获取和预处理

4.4.1　光谱数据的获取

4.4.1.1　SVC HR-1024I 光谱仪简介

美国 SVC 公司于 2013 年在 SVC HR-1024 基础上依据 SVC HR-1024 在遥感领域 7 年的成功经验，推出高性能地物光谱仪 SVC HR-1024I（图 4-2）。仪器各功能属性指标情况：可探测波长范围为 350～2 500 nm；光谱分辨率为 3.5 nm（350～1 000 nm）、9.5 nm（1 000～1 850 nm）、6.5 nm（1 850～2 500 nm）；最小光谱采样带宽为 1.5 nm（350～1 000 nm）、3.6 nm（1 000～1 850 nm）、2.5 nm（1 850～2 500 nm）；最小积分时间 1 ms；内置存储器 1 000 scans（扫）；通道数达到 1 024 个；视场（FOV）有 4° 标准、14° 可选前

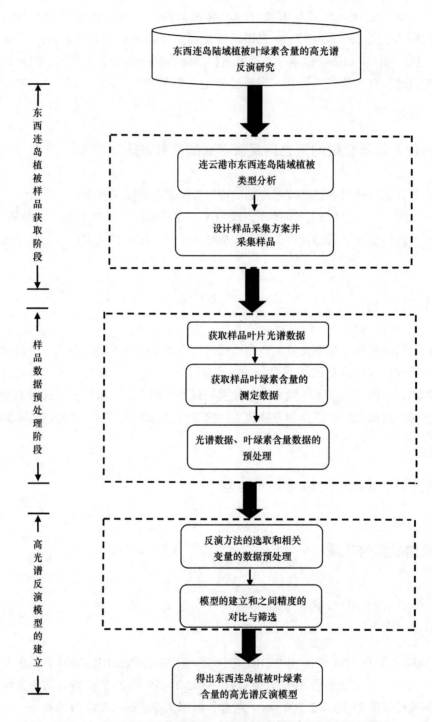

图4-1 东西连岛陆域植被叶绿素含量的高光谱反演研究技术路线

置光学和25°光纤可选；内置高解析度 CCD 相机实时记录所测光谱数据影像；仪器主机自带 GPS；内存最高储存多达 1 000 组光谱数据；光谱采样间隔，可实时测定辐照亮度和反射率，获得被测物体连续的光谱曲线。

图4-2 SVC HR-1024I 主机图

4.4.1.2 SVC HR-1024I 光谱仪测量原理

在电磁波谱中，可见光和近红外波段（0.3~2.5 μm）是地表反射所在的主要波段，也是众多遥感器使用的波段区域。地物光谱的测试不仅可以为传感器的波段选择和评价提供依据，也可以建立地面、航空和航天遥感数据之间的关系，还可以将地物光谱与地物特征进行相关性分析从而建立应用模型。

4.4.1.3 光谱测量

依据东西连岛的地形地貌特点和植物类型、长势、数量及分布等特点，选择连岛区域内的典型植被进行采样，选定的典型植物有桃树、槐树、柳树、龟甲冬青、大叶女贞、梧桐树和泡桐树7种。其中，桃树样品有6组，槐树样品有7组，柳树样品有5组，龟甲冬青样品有10组，大叶女贞样品有8组，梧桐树样品有8组，泡桐树样品有6组，每组有15片叶片，分别采自植被的上、中、下层。

由于研究区风力较大，对植被反射光谱测量造成很大影响，故采用室内测量叶片反射光谱的方法。

植物叶片光谱的测定采用美国 SVC HR-1024I 光谱仪和叶片夹持器探测器进行（图

4-3)，测量时叶片置于叶片夹的叶室中，然后夹紧叶片，保证叶片水平且被探测面积相同，以消除背景反射、叶片表面弯曲造成的光谱波动及叶片内部变异对测量结果造成的影响，每组数据采集前都要进行标准白板校正，测量结束后从 SVC HR-1024I 光谱仪中导出光谱数据。

图 4-3　叶片夹持器

4.4.2　光谱数据的预处理

由于光谱数据受到仪器以及目标地物本身光谱特性等多种因素的影响，获取的光谱数据中不仅包含地物光谱信息，而且还包含噪声信息，但是通过光谱数据的预处理则可以消除噪声并且突出地物光谱的某些细微差别。光谱数据的预处理主要包括光谱平滑去噪和光谱曲线均值处理两个部分。

光谱平滑去噪：由于光谱仪波段间对能量响应上的差异，使得光谱曲线总是存在一些噪声，为了得到平稳与概略的变化，需要平滑波形，用来去除包含在信号内的少量噪声。

光谱曲线均值处理：对每个样品采集的光谱数据进行取平均值处理。

4.5　叶片叶绿素含量的测定

4.5.1　CCM-300 荧光叶绿素仪简介

CCM-300 叶绿素含量测量仪是一种调制荧光仪（见图 4-4），它根据 700 nm 与 735 nm 处的红色发射荧光的比值，利用一个光纤探头来计算样品叶绿素的含量。它是一个手持式、具有内置存储的、电池供电设备。该设备由 2 节镍氢或碱性电池供电，包装内已包含 2 套电池和一个镍氢电池充电器。在电池刚充满的情况下，设备通常可以工作 8~10 个小时。外部气温和用电池充电器充电时会影响设备的运行时间。设备具有一个触摸屏，分辨率为 320×480 像素。光源和检测器是根据 Gitelson 等的研究确定。

图 4-4　CCM-300 荧光叶绿素仪主机图

4.5.2　CCM-300 荧光叶绿素仪测量原理

Gitelson 等的研究发现，F735/F700 与叶绿素含量间存在着比例关系（决定系数 $R^2 >$ 0.95），并且该比率可以作为叶片中叶绿素含量的精确指示。它可应用于非破坏性监测陆地植被基本的光合研究，也可应用于农学、园艺和林业的研究。

Opti-Sciences 根据 Gitelson 等的研究结果，F735/F700 的荧光比率与化学方法测定的叶绿素含量（在 41~675 mg/m² 之间）存在着显著的线性关系，该比率的优势是：即使叶绿素含量大于 200 mg/m² 时，它仍然可以很好地工作。通过提升较低的荧光发射测量范围（680 nm 或 685~700 nm），重新被吸收后再释放的叶绿素荧光被降至最低，显著增加了该设备的有效测量范围。

CCM-300 叶绿素含量测量仪使用的荧光激发波长为 460 nm，谱带半带宽 15 nm。它同时测量两个不同的激发波长，分别为 730~740 nm，698~708 nm。当叶绿素含量在 41 mg/m² 与 675 mg/m² 之间时，该技术的测量结果与化学分析的测量结果具有显著的线性关系。所以 CCM-300 是测量该范围内叶绿素含量的理想工具，利用 Gitelson 方程，它可以直接给出叶绿素含量的读数，也可以使用 F735/F700 的荧光比率，它所用到的计算公式为：

$$Chl = CFR \times 634 - 391 \qquad (4-1)$$

4.5.3 叶片叶绿素含量的测定

采用 CCM-300 手持式叶绿素仪测量叶片的叶绿素含量时，要在相应叶片的基部、中部和尖部重复 3 次，取样品叶片叶绿素含量的平均值作为该样品的测量值。测量结果如表4-1 所示。

表 4-1　叶片叶绿素含量测定数据统计

样品	最大值（mg/m²）	最小值（mg/m²）	平均值（mg/m²）	标准差
Wutong-1	306	160	236.8	47.11
Wutong-2	281	167	222.33	34.43
Wutong-3	300	192	252.933	33.54
Wutong-4	281	186	243.2	26.13
Wutong-5	319	236	263.733	76.56
Wutong-6	389	186	263.93	64.82
Wutong-7	452	389	415.73	18.22
Wutong-8	568	294	444.93	61.14
Daye-1	313	243	277.533	25.29
Daye-2	313	230	285.6	21.14
Daye-3	332	281	308.4	16.19
Daye-4	332	205	267.4	34.33
Daye-5	294	219	261.46	24.28
Daye-6	351	205	296.66	39.06
Daye-7	294	211	268.13	21.73
Daye-8	294	249	278.46	11.99
Gui-1	294	154	219.86	40.08
Gui-2	262	122	188.93	32.31
Gui-3	230	179	208.86	12.42
Gui-4	255	122	149.2	33.42
Gui-5	186	116	149.8	19.28
Gui-6	344	141	182.73	49.62
Gui-7	255	122	175.93	31.13
Gui-8	249	167	213.53	23.71
Gui-9	205	116	181.06	21.39
Gui-10	370	135	222.06	66.27
Huai-1	553	262	355.86	88.77
Huai-2	534	300	370.133	80.20

样品	最大值（mg/m²）	最小值（mg/m²）	平均值（mg/m²）	标准差
Huai-3	439	268	311.73	48.49
Huai-4	319	268	312.66	44.52
Huai-5	408	236	318.93	68.16
Huai-6	357	287	316.46	20.84
Huai-7	294	636	379.53	109.62
Liu-1	477	332	393.66	41.61
Liu-2	560	344	404.33	56.88
Liu-3	401	325	359.13	19.54
Liu-4	408	325	374.8	26.51
Liu-5	395	294	347.26	32.58
Paotong-1	184	93	144.4	28.71
Paotong-2	211	122	180	26.74
Paotong-3	205	48	141	38.98
Paotong-4	287	141	247	35.39
Paotong-5	294	192	254.2	27.77
Paotong-6	300	205	256.53	28.17
Tao-1	357	224	293.13	35.72
Tao-2	313	243	270.73	21.77
Tao-3	306	236	277.6	18.66
Tao-4	509	243	312.66	59.31
Tao-5	355	268	305.06	22.37
Tao-6	344	230	305.86	29.38

4.6　东西连岛陆域植被叶绿素含量的高光谱反演

4.6.1　植被的反射光谱特性

　　由于植被和太阳辐射的相互关系有别于其他物质，所以健康的绿色植被的光谱曲线有明显的特征。植被光谱曲线的波长范围基本为 400~2 500 nm，其中可以分为 3 个区域：可见光，400~700 nm；近红外，700~1 300 nm；短波红外，1 300~2 500 nm。

　　由图 4-5 可看出在可见光波段，波长处于 670~780 nm 区域的光谱反射率达到最大，称为"红谷"，600~700 nm 属于红橙光，是叶绿素含量吸收最高的光谱带，而在 550 nm 波段区域附近是绿光强反射峰区域，称之为"绿峰"。

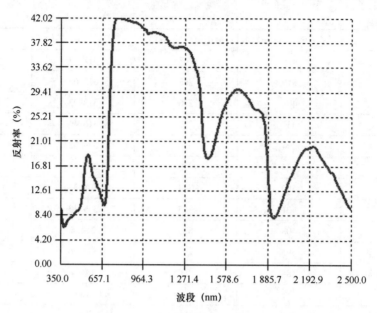

图 4-5　绿色植被反射光谱曲线

在近红外波段区域，植被的光谱反射率呈直线上升趋势，在 670~780 nm 之间的斜坡称之为红边，它的变化与植被的叶绿素含量有关，可以用最大斜率或红边位置（REP）来描述，斜率和位置的变化受到胁迫条件的影响，随着植被的衰老，REP 会向短波方向移动；由于 850 nm、910 nm、960 nm 和 1 120 nm 等附近有水或氧的窄吸收带，所以，这段波段的植被光谱曲线呈现波状起伏的特点。

最后在短波红外波段，由于绿色植被受到含水量的影响，吸收率增大，反射率下降，特别是 1 450 nm、1 950 nm 为中心的水吸收带，形成低谷。

4.6.2　植被叶绿素含量反演方法

4.6.2.1　光谱分析法

本书所用到的光谱分析技术主要是光谱微分技术和对数光谱技术，一是对原始光谱反射率求一阶导数得到它的一阶微分光谱；二是对原始光谱反射率求二阶导数得到它的二阶微分光谱；三是对原始光谱反射率的倒数进行对数处理，这样可以去除部分线性和接近线性的背景、噪声光谱等对目标光谱的影响，近似计算算法分别如下：

$$R'(\lambda_i) = [R(\lambda_{i+1}) - R(\lambda_{i-1})]/(2\Delta\lambda) \tag{4-2}$$

$$R''(\lambda_i) = [R'(\lambda_{i+1}) - R'(\lambda_{i-1})]/(2\Delta\lambda) \tag{4-3}$$

$$R'''(\lambda_i) = \log_{10}\frac{1}{R_i} \tag{4-4}$$

式（4-2）和式（4-3）中的 λ_i 为每个波段的波长，$\Delta\lambda$ 为波长 λ_i 到 λ_{i-1} 的间隔，R 为该波

段的光谱反射率；$R'(\lambda_i)$、$R''(\lambda_i)$ 和 $R'''(\lambda_i)$ 分别为波长 λ_i 的一阶微分光谱、二阶微分光谱和倒数的对数。式（4-4）为对原始光谱率的倒数进行对数处理的转换公式，其中 R_i 为该波段的光谱反射率。

4.6.2.2 植被指数法

由于绿色植被在可见光红光波段有很强的吸收特性，在近红外波段有很强的反射特性，所以利用不同波段的反射数据就能组合成不同的能反映植被生长状况的指数，通过植被指数，可最大化植被的反射信息，把外部因素的影响降到最低，从而提高具体应用研究中的精度。

4.6.2.3 多元统计分析法

多元统计分析法是以高光谱数据或它们的变化形式（如原始光谱反射率、一阶微分光谱、二阶微分光谱、原始光谱反射率的对数变换、原始光谱反射率倒数的对数变换、各种植被指数等）作为自变量，以植被或农作物的生物物理、生物化学参数 [如叶面积指数（LAI）、生物量等] 作为因变量，建立多元回归估算模型。多元统计分析一般包括建立多元回归估算模型和多元回归估算模型的检验，所以采集的样品一部分用于建立多元回归估算模型，另一部分则用于多元回归估算模型的检验。

在本研究中，分别以原始光谱反射率、一阶微分光谱、二阶微分光谱、原始光谱反射率倒数的对数变换、各种植被指数作为自变量，以用 CCM-300 荧光叶绿素仪测得的样品的叶绿素含量作为因变量，建立多元回归估算模型，从而对植物叶片的叶绿素含量进行估算。

4.6.3 基于植被指数的植被叶绿素含量高光谱反演

4.6.3.1 植被指数的选取与计算

根据已有文献，归纳了可用于植被生物物理化学参数尤其是叶绿素估算的相关指数，如表 4-2 所示，这些植被指数主要包括以下 5 种类型。

第一类，比值型植被指数。这类植被指数主要依据可见光到近红外波段反射峰谷特征，采用两个波段的比值来反映植被理化参数及其变化，如简单比值指数（SR）、绿度指数（G）等。

第二类，差值型植被指数。主要通过两个或两个以上波段之间的减法运算，得到反映绿色植被信息的相关指标，如双重差值指数（DD）等。

第三类，归一化型植被指数。NDVI 是广泛应用于解译植被生长状况及与 LAI、绿色生物量、植被覆盖度以及光合作用有关的一个重要指数，它主要通过增加植被在近红外波段范围绿叶的散射与红色波段范围叶绿素吸收的差异，达到解释植被相关信息的目的。这类植被指数多是对传统 NDVI 进行改进或根据具体的研究目标而重新构造，如改进的归一化植被指数（mND_{705}）、改进的比值植被指数（mSR_{705}）、红边归一化植被指数（RENDVI）等。

第四类，叶绿素吸收比型植被指数。植被在 550 nm 附近的绿峰和 670 nm 附近的红色吸收谷主要反映植被叶绿素的反射和吸收特征。因此，这类植被指数多利用这两个波段的特征来反映叶绿素的变化，如叶绿素吸收比值指数（CARI）、三角形植被指数（TVI）等。

第五类，反映植被反射光谱峰谷特征的指数。如红边位置、绿峰高度等常用于叶绿素的估算。

表 4-2　不同类型植被指数

类型	指数	计算公式	意义或说明
1	SR	R_{774}/R_{677}	简单比值指数
	G	R_{554}/R_{677}	绿度指数
	lic3	R_{440}/R_{740}	
	SRPI	R_{430}/R_{680}	色素指数，与叶片不同受害状况有较好的相关性
	PSSRa	R_{800}/R_{680}	色素简化指数，与叶绿素 a、叶绿素 b 存含量在指数关系
	PSSRb	R_{800}/R_{635}	
	GM	R_{750}/R_{700}	与叶绿素含量线性相关
	Vog3	R_{740}/R_{720}	与叶绿素 a、叶绿素 b 和总叶绿素含量高度有关
	Carter1	R_{695}/R_{420}	对植被胁迫比较敏感
	Carter2	R_{695}/R_{760}	对植被胁迫敏感
	PSSR	R_{810}/R_{674}	色素简化指数
2	DD	$(R_{750}-R_{720})-(R_{700}-R_{670})$	双重差值指数
	RVSI	$(R_{714}-R_{752})/2-R_{733}$	红边植被胁迫指数
3	NDVI1	$(R_{774}-R_{677})/(R_{774}+R_{677})$	归一化植被指数
	NDVI2	$(R_{800}-R_{672})/(R_{800}+R_{670})$	
	mND_{705}	$(R_{750}-R_{705})/(R_{750}+R_{705}-2R_{445})$	改进的归一化植被指数
	mSR_{705}	$(R_{750}-R_{445})/(R_{705}+R_{445})$	改进的比值植被指数
	D_{715}/D_{705}	$(R_{716}-R_{714})/(R_{706}+R_{604})$	与叶绿素 a、叶绿素 b 和总叶绿素含量高度有关
	NPQI	$(R_{415}-R_{435})/(R_{415}+R_{435})$	对叶片微弱损害非常敏感，可以用于早期的胁迫监测
	NPCI	$(R_{680}-R_{430})/(R_{680}+R_{430})$	归一化叶绿素比值指数，随着总色素与叶绿素比值变化而变化，对植被的物候和生理状态有指示作用

续表

类型	指数	计算公式	意义或说明
3	PRI1	$(R_{531}-R_{570})/(R_{531}+R_{570})$	光化学植被指数,对类胡萝卜素、叶绿素和类胡萝卜素的比值敏感
	PRI2	$(R_{550}-R_{531})/(R_{550}+R_{531})$	
	PRI3	$(R_{570}-R_{539})/(R_{570}+R_{539})$	
	lic2	$(R_{800}-R_{680})/(R_{800}+R_{680})$	红光最大吸收谷和近红外最大反射之间的反差进行归一化计算
	SIPI	$(R_{800}-R_{450})/(R_{800}+R_{450})$	结构不敏感色素指数,能反映不同样本、不同条件下的胡萝卜素、叶绿素 a 与光谱反射率的关系
	Vog1	$(R_{734}-R_{747})/(R_{715}+R_{720})$	改进的归一化指数
	Vog2	$(R_{734}-R_{747})/(R_{715}+R_{726})$	
	PSND	$(R_{810}-R_{674})/(R_{810}+R_{674})$	归一化比值叶绿素指数
	RENDVI	$(R_{780}-R_{680})/(R_{780}+R_{680})$	红边归一化植被指数
4	mCAI	$\dfrac{R_{545}+R_{752}}{2}\times(752-545)-\sum\limits_{545}^{752}R$	叶绿素吸收积分
	CARI	$CAR\times\dfrac{1}{R_{670}}$ $CAR=\dfrac{|\alpha\times670+R_{670}+\beta|}{\sqrt{\alpha^2+1}}$ $\alpha=(R_{700}-R_{550})/150$ $\beta=R_{550}-550\alpha$	叶绿素吸收比值指数;CAR 表示 670 nm 到以绿峰反射峰(550 nm)和 700 nm 构成的基线间的距离
	MCARI	$\left[(R_{700}-R_{670})-0.2(R_{700}-R_{550})\right]\dfrac{R_{700}}{R_{670}}$	改进叶绿素吸收比值指数
	TCARI	$3\times\left[(R_{700}-R_{670})-0.2(R_{670}-R_{700})\dfrac{R_{700}}{R_{670}}\right]$	转换叶绿素吸收反射指数,在 CARI 的基础上降低背景影响
	TCARI/OSAVI	TCARI 与 OSAVI 的比值,其中 $OSAVI$ 为优化土壤调节植被指数: $OSAVI=1.16\times\dfrac{R_{800}-R_{670}}{R_{800}+R_{670}+0.16}$	降低了指数对 LAI 和背景因素的敏感性
	MCARI/OSAVI	MCARI 与 OSAVI 的比值	
	TVI	$0.5\times\left[120\times(R_{750}-R_{500})-200\times(R_{670}-R_{500})\right]$	三角形植被指数。绿、红、近红外波段构成的三角形区域的总面积随叶绿素吸收和近红外反射率增加而增加

续表

类型	指数	计算公式	意义或说明
5	REP	$700+40\times(\text{Rredege}-R_{700})/(R_{740}-R_{700})$ 其中：$\text{Rredege}=(R_{670}+R_{780})/2$	红边位置
	HG	$1-\dfrac{\left\lvert R_{500}+\dfrac{R_{670}-R_{500}}{\lambda_{670}-\lambda_{500}}(\lambda_{560}-\lambda_{500})\right\rvert}{R_{560}}$	绿峰反射高度
	HR	$1-\dfrac{R_{670}}{R_{560}+\dfrac{R_{760}-R_{560}}{\lambda_{760}-\lambda_{560}}(\lambda_{670}-\lambda_{560})}$	红谷吸收深度
	AR	$\displaystyle\int_{450}^{680}R$	450~680 nm 反射率下覆盖的面积
	AD	$\displaystyle\int_{680}^{760}D$	红边光谱导数的面积

注：R_i 表示某波长处的反射率；D_i 表示某波长处反射率的一阶导数。

4.6.3.2　植被指数与叶绿素含量的相关性分析

从所测的 50 组样品数据中选择 40 组数据，分别计算表 4-2 所示各种高光谱植被指数，并分析它们与样品所测的叶绿素含量之间的 Pearson 相关系数 R，其中相关系数 R 用以下公式计算：

$$R=\frac{\sum\limits_{i=1}^{n}(\text{Chl a}_i-\overline{\text{Chl a}})(V_i-\bar{V})}{\sqrt{\sum\limits_{i=1}^{n}(\text{Chl a}_i-\overline{\text{Chl a}})^2\sum\limits_{i=1}^{n}(V_i-\bar{V})^2}} \qquad (4-5)$$

其中，Chl a_i 表示第 i 种样品的叶绿素含量；V_i 表示第 i 种样品的植被指数；$\overline{\text{Chl a}}$、$\bar{V}$ 分别表示叶绿素含量的平均值和植被指数的平均值；n 为样品总数。

表 4-3 显示了不同样本的各植被指数与其叶绿素含量之间的相关系数 R 分布。

表 4-3　植被指数与其叶绿素含量之间的相关系数 R

相关系数	SR	G	lic3	SRPI	PSSRa	PSSRb
Chl a	0.358 *	0.286	0.463 **	0.758 **	0.011	0.210
相关系数	GM	Vog3	Carter1	Carter2	PSSR	DD
Chl a	0.222	0.597 **	0.765 **	0.404 **	0.029	0.712 **
相关系数	RVSI	NDVI1	NDVI2	mND705	MSR705	D715/705
Chl a	0.076	0.010	0.015	0.762 **	0.042	0.460 **

续表

相关系数	NPQI	NPCI	PRI1	PRI2	PRI3	lic2
Chl a	0.223	0.763**	0.163	0.080	0.121	0.035
相关系数	SIPI	Vog1	Vog2	PSND	RENDVI	mCAI
Chl a	0.226	0.424**	0.412**	0.060	0.006	0.147
相关系数	CARI	MCARI	TCARI	TCARI/OSAVI	MCARI/OSAVI	TVI
Chl a	0.024	0.605**	0.605**	0.649**	0.265	0.265
相关系数	REP	HG	HR	AR	AD	
Chl a	0.241	0.340*	0.087	0.159	0.023	

注：＊表示相关性在 0.05 水平上显著；＊＊表示相关性在 0.01 水平上显著。

一般来说，R 大于 0.6 说明两个变量之间有较好的相关性，根据所得相关系数 R 的数据，分析发现第一类植被指数 SRPI、Vog3 和 Carter1，第二类植被指数 DD，第三类植被指数 mND_{705} 和 NPCI，第四类植被指数 MCARI、TCARI 和 TCARI/OSAVI，这 9 种植被指数与所测样品的叶绿素含量有着较好的相关关系。

4.6.3.3 多元逐步线性回归模型

1）模型构建

如上所述，植被指数 SRPI、Vog3、Carter1、DD、mND_{705}、NPCI、MCARI、TCARI 和 TCARI/OSAVI 与叶绿素含量有较高的相关性。因此，将选取 40 个样本，选用这 9 个植被指数作为自变量，叶绿素含量为因变量，通过多元逐步线性回归法构建叶绿素含量反演模型。模型的详细参数如表 4-4 所示。

表 4-4　植被指数与叶绿素含量建立的多元逐步线性回归模型及其相关精度

因变量	自变量	模型	R	R^2	Sig.
叶绿素含量（y）	SRPI（x_1）、Vog3（x_2）	$y = -727.818 + 270.618x_1 + 626.544x_2$	0.875	0.765	0.000

2）模型精度检验

将未建模的 10 个验证样品代入上述所构建的模型中，并计算其均方根误差 $RMSE$ 和平均相对误差 $RE\%$，计算公式如下：

$$RMSE = \sqrt{\frac{\sum_{i=1}^{n} (y_i' - y_i)^2}{n}} \qquad (4-6)$$

$$RE\% = \frac{1}{n} \sum_{i=1}^{n} \frac{|y_i' - y_i|}{y_i} \times 100\% \qquad (4-7)$$

式中，y_i、y_i' 分别为叶片叶绿素含量的实测值和用拟合模型计算的预测值；n 为样本数。

由表 4-5 和上述公式计算结果可得，10 个验证样品中，实测叶绿素含量与模型预测叶绿素含量之间的最大相对误差为 45.24%，最小相对误差为 0.62%，均方根误差 $RMSE$ 为 16.09，平均相对误差 $RE\%$ 为 9.35%。

表 4-5　验证样品叶绿素含量的实测值与预测值对比

样品号	实测值（mg/m²）	预测值（mg/m²）	相对误差（%）
4	243.200	249.753	2.62
5	263.733	277.129	4.83
14	296.667	285.343	3.97
15	268.133	269.811	0.62
20	149.200	169.074	11.75
21	149.800	183.527	18.38
22	182.733	181.666	0.59
30	312.667	326.321	4.18
40	180.000	328.722	45.24
49	312.667	308.527	1.34

4.6.3.4　曲线拟合模型

1）模型构建

选取 40 个样本，选择植被指数中与叶绿素含量相关系数最高的 Carter1 指数（由表 4-3 可知）作为自变量，叶绿素含量为因变量，通过曲线拟合方法构建叶绿素含量反演模型。其中分别应用了一元线性函数、对数函数、指数函数、一元二次函数、幂函数进行拟合，拟合结果如表 4-6 所示。

表 4-6　植被指数与叶绿素含量进行曲线拟合的模型参数

模型	R^2	拟合方程	Sig.	常数	$b1$	$b2$
线性	0.544	$y=-112.921x+500.953$	0.000	500.953	-112.921	
对数	0.551	$y=-222.201\ln x+422.521$	0.000	422.521	-222.201	
二次曲线模型	0.552	$y=27.467x^2-225.862x+610.622$	0.000	610.622	-225.862	27.46
次方	0.519	$y=459.408x^{-0.831}$	0.000	459.408	-0.831	
幂函数模式	0.520	$y=-0.425^x+619.542$	0.000	619.542	-0.425	

依据 R^2 越大，拟合模型越好的原则，由表 4-6 可得，在曲线拟合中最佳模型为二次曲线模型：$y=27.467x^2-225.862x+610.622$，其中因变量 y 为叶绿素含量，自变量 x 为 Carter1。

2）模型精度检验

将未建模的 10 个验证样品代入上述所构建的模型中，并计算其均方根误差 RMSE 和平均相对误差 RE%，表 4-7 结果表明，10 个验证样品中，实测叶绿素含量与模型预测叶绿素含量之间的最大相对误差为 60.06%，最小相对误差为 0.63%，均方根误差 RMSE 为52.42，平均相对误差 RE% 为 19.94%。

表 4-7　验证样品叶绿素含量的实测值与预测值对比

样品号	实测值（mg/m²）	预测值（mg/m²）	相对误差（%）
4	243.200	241.665	0.63
5	263.733	258.567	1.96
14	296.667	288.946	2.60
15	268.133	334.317	24.68
20	149.200	217.574	45.83
21	149.800	208.328	39.07
22	182.733	190.273	4.13
30	312.667	320.857	2.62
40	180.000	288.108	60.06
49	312.667	257.010	17.81

4.6.4　基于植被光谱反射率的植被叶绿素含量高光谱反演

4.6.4.1　植被光谱反射率与叶绿素含量的相关性分析

将所测得的植被光谱反射率数据和叶绿素含量数据导入 SPSS 软件中求得 400~900 nm 之间各个波段植被光谱反射率与叶绿素含量之间的相关系数，并绘制成图。

由图 4-6 可知相关系数大于 0.5 的波段为 693~712 nm，其中最大值在 700 nm 波段处，相关系数 R 为 0.579。

4.6.4.2　多元逐步线性回归模型

1）模型构建

如图 4-6 所述，波段在 693~712 nm 的光谱反射率与叶绿素含量有较高的相关性。因此，选取 40 个样本，选用这 20 个光谱反射率作为自变量，叶绿素含量为因变量，通过多元逐步线性回归法构建叶绿素含量反演模型，最终入选的自变量为波段 700 nm 的光谱反

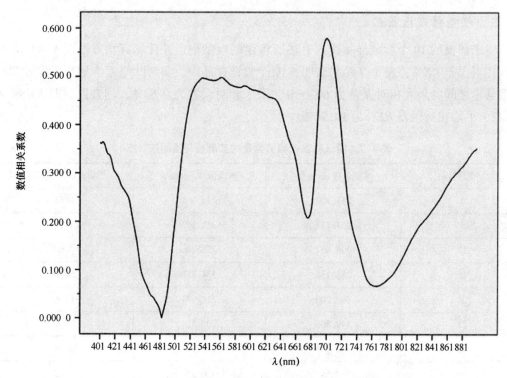

图 4-6　各波段光谱反射率与叶绿素含量之间的相关系数

射率，线性模型的详细参数如表 4-8 所示。

表 4-8　光谱反射率与叶绿素含量建立的多元逐步线性回归模型及其相关精度

因变量	自变量	模型	方法	R	R^2	Sig.
叶绿素含量（y）	R_{700}（x）	$y=-10.857x+499.644$	多元逐步线性回归	0.561	0.315	0.00

2）模型精度检验

将未建模的 10 个验证样品应用到上述所构建的模型中，并计算其均方根误差 $RMSE$ 和平均相对误差 $RE\%$，表 4-9 结果表明，10 个验证样品中，实测叶绿素含量与模型预测叶绿素含量之间的最大相对误差为 77.72%，最小相对误差为 0.91%，均方根误差 $RMSE$ 为 60.88，平均相对误差 $RE\%$ 为 21.83%。

表 4-9　验证样品叶绿素含量的实测值与预测值对比

样品号	实测值（mg/m^2）	预测值（mg/m^2）	相对误差（%）
4	243.20	299.01	22.95
5	263.73	308.38	16.93
14	296.67	263.47	11.19

样品号	实测值（mg/m²）	预测值（mg/m²）	相对误差（%）
15	268.13	360.93	34.61
20	149.20	163.48	9.57
21	149.80	192.89	28.78
22	182.73	204.51	11.92
30	312.67	300.99	3.73
40	180.00	319.89	77.72
49	312.67	309.83	0.91

4.6.4.3 曲线拟合模型

1）模型构建

选取 40 个样本，选择与叶绿素含量相关系数最高的波段 700 nm 的光谱反射率作为自变量，叶绿素含量为因变量，通过曲线拟合方法构建叶绿素含量反演模型。所用的函数模型和拟合结果如表 4-10 所示。

表 4-10 光谱反射率与叶绿素含量进行曲线拟合的相关参数

模型	R^2	拟合方程	Sig.	常数	b1	b2
线性	0.312	$y = -11.288x + 490.820$	0.000	490.82	-11.288	
对数	0.326	$y = -213.487\ln x + 900.740$	0.000	900.74	-213.49	
二次曲线模型	0.322	$y = 0.379x^2 - 26.046x + 629.101$	0.001	629.10	-26.046	0.379
次方	0.263	$y = 2147.620x^{-0.713}$	0.001	2147.6	-0.713	
幂函数模型	0.262	$y = -0.038^x + 554.683$	0.001	554.68	-0.038	

由表 4-10 可得，在曲线拟合中最佳模型为二次曲线模型：$y = 0.379x^2 - 26.046x + 629.101$，其中因变量 y 为叶绿素含量，自变量 x 为波段 700 nm 的光谱反射率。

2）模型精度检验

将未建模的 10 个验证样品代入上述所构建的模型中，并计算其均方根误差 $RMSE$ 和平均相对误差 $RE\%$，表 4-11 结果表明，10 个验证样品中，实测叶绿素含量与模型预测叶绿素含量之间的最大相对误差为 78.87%，最小相对误差为 0.54%，均方根误差 $RMSE$ 为 64.83，平均相对误差 $RE\%$ 为 25.51%。

表 4-11 验证样品叶绿素含量的实测值与预测值对比

样品号	实测值（mg/m²）	预测值（mg/m²）	相对误差（%）
4	243.20	298.85	22.88
5	263.73	309.06	17.18
14	296.66	257.65	13.15
15	268.13	363.68	35.63
20	149.20	192.34	28.91
21	149.80	205.71	37.32
22	182.73	213.32	16.74
30	312.66	300.63	3.84
40	180.00	321.97	78.87
49	312.66	310.97	0.54

4.6.5 基于植被光谱反射率一阶微分的植被叶绿素含量高光谱反演

4.6.5.1 植被光谱反射率一阶微分与叶绿素含量的相关性分析

根据式（4-2）求得 400~900 nm 之间各个波段光谱反射率一阶微分，用 SPSS 软件求得 400~900 nm 之间各个波段光谱反射率一阶微分与叶绿素含量之间的相关系数，并绘制成图。

由图 4-7 可知相关系数大于 0.5 的波段为 439~674 nm，679~696 nm，719~760 nm，其中最大值在 479 nm 波段处，相关系数 R 为 0.754。

4.6.5.2 多元逐步线性回归模型

1) 模型构建

如上所述，波段在 439~674 nm，679~696 nm，719~760 nm 的光谱反射率一阶微分与叶绿素含量有较高的相关性。因此，选取 40 个样本，选用这 296 个光谱反射率一阶微分作为自变量，叶绿素含量为因变量，通过多元逐步线性回归法构建叶绿素含量反演模型。模型的详细参数如表 4-12 所示。

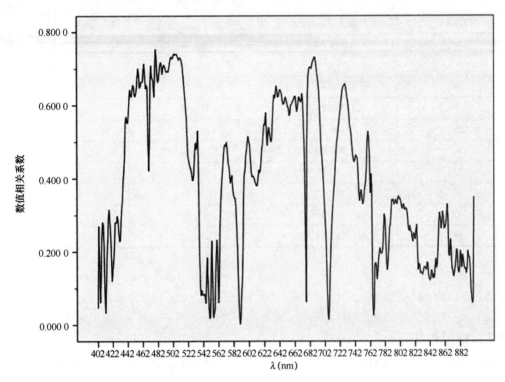

图 4-7 各波段光谱反射率与叶绿素含量一阶微分之间的相关系数

表 4-12 光谱反射率一阶微分与叶绿素含量建立的多元逐步线性回归模型及其相关精度

因变量	自变量	模型	方法	R	R^2	Sig.
叶绿素含量（y）	b_{504}（x_1）b_{730}（x_2） b_{476}（x_3）b_{456}（x_4） b_{602}（x_5）b_{535}（x_6） b_{634}（x_7）b_{472}（x_8）	$y = -4\,692.721x_1 + 749.124x_2 +$ $13\,948.412x_3 + 7\,075.296x_4 -$ $11\,538.145x_5 - 3\,336.081x_6 -$ $3\,807.938x_7 - 13\,394.469x_8$ $+208.698$	多元逐步 线性回归	0.953	0.908	0.000

2）模型精度检验

将未建模的 10 个验证样品代入上述所构建的模型中，并计算其均方根误差 *RMSE* 和平均相对误差 *RE%*，表 4-13 结果表明，10 个验证样品中，实测叶绿素含量与模型预测叶绿素含量之间的最大相对误差为 76.42%，最小相对误差为 0.13%，均方根误差 *RMSE* 为 69.15，平均相对误差 *RE%* 为 26.8%。

表4-13　验证样品叶绿素含量的实测值与预测值对比

样品号	实测值（mg/m²）	预测值（mg/m²）	相对误差（%）
4	243.20	205.08	15.67
5	263.73	356.81	35.29
14	296.67	297.06	0.13
15	268.13	329.89	23.03
20	149.20	174.11	16.69
21	149.80	260.44	73.85
22	182.73	167.19	8.50
30	312.67	331.41	5.99
40	180.00	317.55	76.42
49	312.67	351.57	12.44

4.6.5.3　曲线拟合模型

1）模型构建

选取40个样本，选择与叶绿素含量相关系数值最高的波段479 nm光谱反射率一阶微分作为自变量，叶绿素含量为因变量，通过曲线拟合方法构建叶绿素含量反演模型，拟合结果如表4-14所示。

表4-14　光谱反射率一阶微分与叶绿素含量进行曲线拟合的相关参数

模型	R^2	拟合方程	Sig.	常数	b1	b2
线性	0.522	$y=-10\,357.169x+384.489$	0.000	384.489	-10 357.169	
对数	0.529	$y=-84.324\ln x-121.110$	0.000	-121.110	-84.324	
二次曲线模型	0.573	$y=481\,373.465x^2-21\,247.088x+432.241$	0.000	432.241	-21 247.088	481 373.465
次方	0.472	$y=66.124x^{-0.296}$	0.000	66.124	-0.296	
幂函数模型	0.478	$y=-36.819^x+391.771$	0.000	391.771	-36.819	

由表4-14可得，曲线拟合最佳模型为二次曲线模型：$y=481\,373.465x^2-21\,247.088x+432.241$，其中因变量 y 为叶绿素含量，自变量 x 为波段479 nm的光谱反射率一阶微分。

2）模型精度检验

将未建模的10个验证样品代入上述所构建的模型中，并计算其均方根误差 RMSE 和平均相对误差 RE%，表4-15结果表明，10个验证样品中，实测叶绿素含量与模型预测叶绿素含量之间的最大相对误差为48.83%，最小相对误差为0.21%，均方根误差 RMSE 为40.89，平均相对误差 RE% 为17.11%。

表4-15 验证样品叶绿素含量的实测值与预测值对比

样品号	实测值（mg/m²）	预测值（mg/m²）	相对误差（%）
4	243.20	227.84	6.31
5	263.73	267.90	1.58
14	296.66	324.67	9.44
15	268.13	288.61	7.63
20	149.20	201.92	35.33
21	149.80	201.84	34.74
22	182.73	211.83	15.92
30	312.66	311.98	0.21
40	180.00	267.90	48.83
49	312.66	277.92	11.11

4.6.6 基于植被光谱反射率二阶微分的植被叶绿素含量高光谱反演

4.6.6.1 植被光谱反射率二阶微分与叶绿素含量的相关性分析

根据公式（4-3）求得400~900 nm之间各个波段光谱反射率二阶微分，用SPSS软件求得400~900 nm之间各个波段光谱反射率二阶微分与叶绿素含量之间的相关系数，并绘制成图。

由图4-8可知：相关系数大于0.5的波段为411 nm，454 nm，489~492 nm，495 nm，496 nm，501~504 nm，507 nm，508 nm，512 nm，513 nm，523 nm，524 nm，538 nm，566 nm，625 nm，626 nm，633~638 nm，641 nm，642 nm，646 nm，651 nm，652 nm，655 nm，657~662 nm，669 nm，670 nm，673 nm，674~689 nm，697~704 nm，709 nm，715 nm，716 nm，719 nm，730 nm，734~738 nm，其中最大值在700 nm波段处，相关系数 R 为0.761。

4.6.6.2 多元逐步线性回归模型

1）模型构建

选取40个样本，选用以上相关性大的光谱反射率二阶微分作为自变量，叶绿素含量为因变量，通过多元逐步线性回归法构建叶绿素含量反演模型。模型的详细参数如表4-16所示。

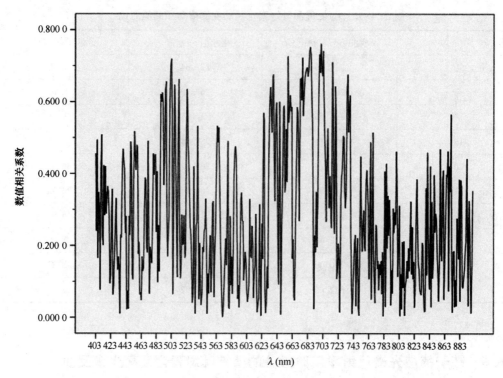

图 4-8　各波段光谱反射率与叶绿素含量二阶微分之间的相关系数

表 4-16　光谱反射率二阶微分与叶绿素含量建立的多元逐步线性回归模型及其相关精度

因变量	自变量	模型	方法	R	R^2	Sig.
叶绿素含量（y）	b_{700}（x_1）b_{716}（x_2）b_{538}（x_3）	$y = 28\ 835.756x_1 + 20\ 991.501x_2 + 16\ 433.862x_3 + 202.876$	多元逐步线性回归	0.888	0.789	0.000

2）模型精度检验

将未建模的 10 个验证样品代入上述所构建的模型中，并计算其均方根误差 RMSE 和平均相对误差 RE%，表 4-17 结果表明，10 个验证样品中，实测叶绿素含量与模型预测叶绿素含量之间的最大相对误差为 81.1%，最小相对误差为 1.82%，均方根误差 RMSE 为 58.74，平均相对误差 RE% 为 20.6%。

表 4-17　验证样品叶绿素含量的实测值与预测值对比

样品号	实测值（mg/m²）	预测值（mg/m²）	相对误差（%）
4	243.20	281.56	15.77
5	263.73	345.48	30.99
14	296.67	305.17	2.86

样品号	实测值（mg/m²）	预测值（mg/m²）	相对误差（%）
15	268.13	254.64	5.03
20	149.20	90.71	39.19
21	149.80	169.80	13.35
22	182.73	169.91	7.0138
30	312.67	284.98	8.85
40	180.00	325.98	81.10
49	312.67	306.96	1.82

4.6.6.3 曲线拟合模型

1）模型构建

选取 40 个样本，选择与叶绿素含量相关系数值最高的波段 700 nm 的光谱反射率二阶微分作为自变量，叶绿素含量为因变量，通过曲线拟合方法构建叶绿素含量反演模型，拟合结果如表 4-18 所示。

表 4-18　光谱反射率二阶微分与叶绿素含量进行曲线拟合的相关参数

模型	R^2	拟合方程	Sig.	常数	$b1$	$b2$
线性	0.596	$y = 42\,373.588x + 112.349$	0.000	112.349	42 373.588	
对数	0.484	$y = -84.324\ln x + 950.194$	0.000	950.194	119.323	
二次曲线模型	0.615	$y = 4\,078\,636.178x^2 + 11\,060.982x + 164.987$	0.000	164.987	11 060.982	4 078 636.178
次方	0.472	$y = 3\,156.332x^{0.438}$	0.000	3 156.332	0.438	
幂函数模型	0.553	$y = 148.268^x + 151.678$	0.000	151.678	148.268	

由表 4-18 可得，曲线拟合最佳模型为二次曲线模型为：$y = 4\,078\,636.178x^2 + 11\,060.982x + 164.987$，其中因变量 y 为叶绿素含量，自变量 x 为波段 700 nm 的光谱反射率二阶微分。

2）模型精度检验

将未建模的 10 个验证样品代入上述所构建的模型中，并计算其均方根误差 *RMSE* 和平均相对误差 *RE*%（表 4-19），结果表明，10 个验证样品中，实测叶绿素含量与模型预测叶绿素含量之间的最大相对误差为 61.91%，最小相对误差为 1.58%，均方根误差 *RMSE* 为 52.01，平均相对误差 *RE*% 为 18.49%。

表 4-19 验证样品叶绿素含量的实测值与预测值对比

样品号	实测值（mg/m²）	预测值（mg/m²）	相对误差（%）
4	243.20	281.88	15.91
5	263.73	356.25	35.08
14	296.66	301.36	1.58
15	268.13	231.94	13.49
20	149.20	159.66	7.01
21	149.80	189.79	26.69
22	182.73	194.75	6.57
30	312.66	281.88	9.84
40	180.00	291.44	61.91
49	312.66	291.44	6.78

4.6.7 基于植被光谱反射率倒数的对数的植被叶绿素含量高光谱反演

4.6.7.1 植被光谱反射率倒数的对数与叶绿素含量的相关性分析

根据式（4-4）求得 400~900 nm 之间各个波段光谱反射率倒数的对数，用 SPSS 软件求得 400~900 nm 之间各个波段光谱反射率倒数的对数与叶绿素含量之间的相关系数，并绘制成图。

由图 4-9 可知相关系数大于 0.5 的波段为 693~710 nm，其中最大值在 699 nm 和 700 nm 波段处，相关系数 R 为 0.576。

4.6.7.2 多元逐步线性回归模型

1）模型构建

选取 40 个样本，选用以上相关性大的光谱反射率倒数的对数作为自变量，叶绿素含量为因变量，通过多元逐步线性回归法构建叶绿素含量反演模型。模型的详细参数如表 4-20所示。

表 4-20 光谱反射率倒数的对数与叶绿素含量建立的多元逐步线性回归模型及其相关精度

因变量	自变量	模型	方法	R	R^2	Sig.
叶绿素含量（y）	$b_{700}(x)$	$y = 511.777x + 944.321$	多元逐步线性回归	0.575	0.330	0.000

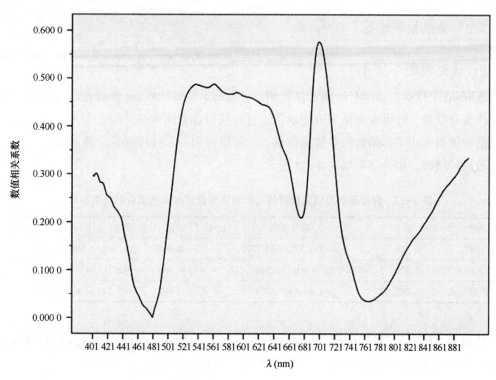

图 4-9　各波段光谱反射率倒数的对数与叶绿素含量之间的相关系数

2）模型精度检验

将未建模的 10 个验证样品代入上述所构建的模型中，并计算其均方根误差 *RMSE* 和平均相对误差 *RE%*，表 4-21 结果表明，10 个验证样品中，实测叶绿素含量与模型预测叶绿素含量之间的最大相对误差为 78.04%，最小相对误差为 1.37%，均方根误差 *RMSE* 为 65.22，平均相对误差 *RE%* 为 24.67%。

表 4-21　验证样品叶绿素含量的实测值与预测值对比

样品号	实测值（mg/m²）	预测值（mg/m²）	相对误差（%）
4	243.20	296.05	21.73
5	263.73	306.68	16.28
14	296.67	259.80	12.42
15	268.13	378.08	41.01
20	149.20	181.33	21.54
21	149.80	201.69	34.64
22	182.73	210.27	15.07
30	312.67	298.26	4.61
40	180.00	320.478	78.04
49	312.67	308.37	1.37

4.6.7.3 曲线拟合模型

1）模型构建

选取 40 个样本，选择与叶绿素含量相关系数值最高的 700 nm 波段光谱反射率倒数的对数作为自变量，叶绿素含量为因变量，通过曲线拟合方法构建叶绿素含量反演模型。由于数值为负值无法用幂函数和对数函数模拟，所以选用一元线性函数、指数函数、一元二次函数进行建模，拟合结果如表 4-22 所示。

表 4-22　光谱反射率倒数的对数与叶绿素含量进行曲线拟合的相关参数

模型	R^2	拟合方程	Sig.	常数	b1	b2
线性	0.326	$y=491.573x+900.740$	0.000	900.740	491.573	
二次曲线模型	0.329	$y=347.32x^2+1361.325x+1442.716$	0.001	1442.716	1361.325	347.320
幂函数模式	0.263	$y=1.641^x+2147.620$	0.001	2147.620	1.641	

从表 4-22 可知，最佳模型为二次曲线模型：$y=347.32x^2+1361.325x+1442.716$，其中因变量 y 为叶绿素含量，自变量 x 为波段 700 nm 的光谱反射率倒数的对数。

将未建模的 10 个验证样品代入上述所构建的模型中，并计算其均方根误差 RMSE 和平均相对误差 RE%（表 4-23），结果表明，10 个验证样品中，实测叶绿素含量与模型预测叶绿素含量之间的最大相对误差为 77.91%，最小相对误差为 1.26%，均方根误差 RMSE 为 65.56，平均相对误差 RE% 为 26.16%。

表 4-23　验证样品叶绿素含量的实测值与预测值对比

样品号	实测值（mg/m²）	预测值（mg/m²）	相对误差（%）
4	243.20	296.48	21.91
5	263.73	306.76	16.31
14	296.66	257.55	13.18
15	268.13	368.54	37.449
20	149.20	194.49	30.35
21	149.80	209.45	39.82
22	182.73	216.97	18.73
30	312.66	298.25	4.608
40	180.00	320.25	77.91
49	312.66	308.72	1.26

4.6.8 叶绿素含量反演模型的对比和评价

本研究通过两方面来对比和评价所建立模型的精度：一方面是建模样本的决定系数 R^2 和显著性 Sig. 值；另一方面是验证样本的均方根误差 $RMSE$ 和平均相对误差 $RE\%$ 值。具体模型和参数值如表 4-24 和表 4-25 中所示。

表 4-24　基于多变量参数的东西连岛陆域植被叶绿素含量估算模型

因变量	自变量	拟合方程
植被叶绿素含量	植被指数 SRPI（x_1）、Vog3（x_2）	$y=-727.818+270.618x_1+626.544x_2$
	植被指数 Carter（x）	$y=27.467x^2-225.862x+610.622$
	光谱反射率 b_{702}（x）	$y=-10.857x+499.644$
	光谱反射率 b_{700}（x）	$y=0.379x^2-26.046x+629.101$
	光谱反射率一阶微分 b_{504}（x_1）、b_{730}（x_2）、b_{476}（x_3）、b_{456}（x_4）、b_{602}（x_5）、b_{535}（x_6）、b_{634}（x_7）、b_{472}（x_8）	$y=-4\,692.721x_1+749.124x_2+13\,948.412x_3+7\,075.296x_4-11\,538.145x_5-3\,336.081x_6-3\,807.938x_7-13\,394.469x_8+208.698$
	光谱反射率一阶微分 b_{479}（x）	$y=481\,373.465x^2-21\,247.088x+432.241$
	光谱反射率二阶微分 b_{700}（x_1）、b_{716}（x_2）、b_{538}（x_3）	$y=28\,835.756x_1+20\,991.501x_2+16\,433.862x_3+202.876$
	光谱反射率二阶微分 b_{700}（x）	$y=4\,078\,636.178x^2+11\,060.982x+164.987$
	光谱反射率倒数的对数 b_{702}（x）	$y=511.777x+944.321$
	光谱反射率倒数的对数 b_{700}（x）	$y=347.32x^2+1\,361.325x+1\,442.716$

表 4-25　基于多变量参数的东西连岛陆域植被叶绿素含量估算模型精度分析

因变量	自变量	建模样本		验证样本	
		R^2	Sig.	$RMSE$	$RE\%$
植被叶绿素含量	植被指数 SRPI、Vog3	0.765	0.000	16.09	9.35
	植被指数 Carter	0.552	0.000	52.42	19.94
	光谱反射率 b_{702}	0.561	0.000	60.88	21.83
	光谱反射率 b_{700}	0.322	0.000	64.83	25.51
	光谱反射率一阶微分 b_{504}、b_{730}、b_{476}、b_{456}、b_{602}、b_{535}、b_{634}、b_{472}	0.908	0.000	69.15	26.80
	光谱反射率一阶微分 b_{479}（x）	0.573	0.000	40.89	17.11
	光谱反射率二阶微分 b_{700}、b_{716}、b_{538}	0.789	0.000	58.74	20.60
	光谱反射率二阶微分 b_{700}	0.615	0.000	52.01	18.49
	光谱反射率倒数的对数 b_{702}	0.330	0.000	65.22	24.67
	光谱反射率倒数的对数 b_{700}	0.329	0.000	65.56	26.16

由表4-24和表4-25可以看出：10个拟合方程的显著值Sig.都为0，说明不同变量与叶绿素含量之间的相关性都很强，其中决定系数R^2最大值为多元逐步线性回归法建立的504 nm、730 nm、476 nm、456 nm、602 nm、535 nm、634 nm、472 nm波段光谱反射率一阶微分和叶绿素含量之间的反演模型，但是通过它的预测样本的均方根误差RMSE和平均相对误差RE%值可以发现它的预测值精度并不是很高，而由多元逐步线性回归法建立的植被指数SRPI和Vog3与叶绿素含量之间的反演模型决定系数R^2比较高，并且由拟合方程预测的叶绿素含量与实测叶绿素含量之间的相对误差比一阶微分建立的模型小很多。

综合各方面的评定指标发现：东西连岛植被叶绿素含量的最佳反演模型为多元逐步线性回归法建立的植被指数SRPI和Vog3与叶绿素含量之间的反演模型，该拟合方程为

$$y = -727.818 + 270.618x_1 + 626.544x_2$$

其中，因变量y为叶绿素含量，自变量x_1为植被指数SRPI，自变量x_2为植被指数Vog3，决定系数R^2为0.765。

4.7　本章小结

以东西连岛为研究区域，选取东西连岛的典型植被类型桃树、槐树、柳树、龟甲冬青、大叶女贞、梧桐树、泡桐树，采用多元逐步线性回归和曲线拟合法，分别以植被光谱反射率、植被光谱反射率的一阶微分、二阶微分值、光谱反射率倒数的对数和41种植被指数值为自变量，所测植被叶绿素含量为因变量，构建植被叶绿素含量高光谱反演模型；并通过比较分析各反演模型的多重判定系数、相对误差和均方根误差，得出东西连岛陆域植被叶绿素含量的最佳高光谱反演模型。通过以上研究，得出如下结论。

（1）植被指数中Carter1指数与东西连岛叶绿素含量之间的相关性最高，相关系数R为0.765；700 nm波段处光谱反射率与东西连岛叶绿素含量之间的相关性最高，相关系数R为0.579；479 nm波段处光谱反射率一阶微分与东西连岛叶绿素含量之间的相关性最高，相关系数R为0.754；700 nm波段处光谱反射率二阶微分与东西连岛叶绿素含量之间的相关性最高，相关系数R为0.761；700 nm波段处光谱反射率倒数的对数与东西连岛叶绿素含量之间的相关性最高，相关系数R为0.576。

（2）用曲线拟合建立光谱反射率及其变化形式与叶绿素含量反演模型时，发现相比一元线性函数、对数函数、幂函数和指数函数模型，二次曲线函数模型拟合精度最高。

（3）应用植被指数SRPI和Vog3为自变量采用多元逐步线性回归法所建立的叶绿素含量反演模型精度最高，其中决定系数R^2为0.765，均方根误差RMSE为16.09，平均相对误差RE%为9.35%。

（4）研究发现通过建立叶绿素含量和植被指数、光谱反射率等相关变量的模型来进行植被叶绿素含量的反演是可行的。

参考文献：

褚武道，陈文惠，艾金泉，等. 基于偏最小二乘法的樟树叶片叶绿素含量高光谱估算 [J]. 福建师范大学学报（自然科学版），2014，30（1）：65-70.

丰明博，牛铮. 基于经验模型的 Hyperion 数据植被叶绿素含量反演 [J]. 国土资源遥感，2014，26（1）：71-77.

姜海玲，杨杭，陈小平，等. 利用光谱指数反演植被叶绿素含量的精度及稳定性研究 [J]. 光谱学与光谱分析，2015，35（4）：975-981.

孔维豪，祝民强. SVC HR-768 地物光谱仪岩石光谱采集存在的问题与处理 [J]. 东华理工大学学报，2012，35（2）：155-159.

李明泽，赵小红，刘钱，等. 基于机载高光谱影像的植被冠层叶绿素反演 [J]. 应用生态学报，2013，24（1）：177-182.

梁亮，杨敏华，张连蓬，等. 基于 SVR 算法的小麦冠层叶绿素含量高光谱反演 [J]. 农业工程学报，2012，28（20）：162-171.

卢霞. 沿海滩涂大米草叶绿素含量的高光谱估算模型 [J]. 测绘科学技术学报，2011，28（3）：199-203.

宁艳玲，张学文，韩启金，等. 基于改进的 PRI 方法对植被冠层叶绿素含量的反演 [J]. 航天返回与遥感，2014，35（3）：90-97.

孙阳阳，汪国平，杨可明，等. 玉米叶绿素含量高光谱反演的线性模型研究 [J]. 山东农业科学，2015，47（7）：117-121.

王晓星，常庆瑞，刘梦云，等. 冬小麦冠层水平叶绿素含量的高光谱估测 [J]. 西北农林科技大学学报（自然科学版），2016，14（2）：1-7.

吴彤，倪绍祥，李云梅. 基于地面高光谱数据的东亚飞蝗危害程度监测 [J]. 遥感学报，2007，11（1）：103-108.

杨可明，孙阳阳，王林伟，等. 玉米叶片叶绿素含量的高光谱反演模型探究 [J]. 湖北农业科学，2015，54（11）：2 744-2 748.

姚付启，张振华，杨润亚，等. 基于红边参数的植被叶绿素含量高光谱估算模型 [J]. 农业工程学报，2009，25（2）：123.

岳学军，全东平，洪添胜，等. 柑橘叶片叶绿素含量高光谱无损检测模型 [J]. 农业工程学报，2015，31（1）：294-307.

Barnes J D, Balaguer L, Manrique E, et al. A reappraisal of the use of DMSO for the extraction and determination of chlorophylls a and bin lichens and higher plants [J]. Environment Exp Bot, 1992, 32 (2)：85-100.

Bhargana D S, Mariam D W. Cumulative effects of salinity and sediment concentration on reflectance measurements [J]. International Journal of Remote Sensing, 1992, 13 (11)：2 151-2 159.

Blackburn G A . Specrtal indices for estimating photosynthetic pigment concentrations：a test using leaves [J]. International Journal of Remote Sensing, 1998, 19 (4)：657-675.

Blackburn G A. Quantifying chlorophylls and carotenoids at leaf and canopy scales：An evaluation of some hyperspectral approaches [J]. Remote Sensing of Environment, 1998, 66 (3)：273-285.

Broge N H, Leblanc E. Comparing prediction power and stability of broadband and hyper spectral vegetation Indices for estimation of green leaf area index and canopy chlorophyll density [J]. Remote Sensing of Environment,

2000, 76: 156-172.

Carter G A. Ratios of leaf reflectance in narrow wavebands as indicators of plant stress [J]. International Journal of Remote Sensing, 1994, 15 (3), 697-703.

Chappcllc E W, Moon S, KimJamcs E, et al. Ratio analysis of reflectance specrta (rars): an algorithm for the remote estimation of the concentrations of chlorophyll a, chlorophyll b, and carotenoids in soybean leaves [J]. Remote Sensing of Environment, 1992, 39 (3): 239-247.

Daughtry C S T, Walthall C L, Kim M S. et al. Estimating corn leaf chlorophyll concentration from leaf and canopy reflectance [J]. Remote Sensing of Environment, 2000, 74: 229-239.

Filella I, Penuelas J. The red edge position and shape as indicators of plant chlorophyll content, biomass and hydric status [J]. Remote Sensing, 1994, 15 (7): 1 459-1 470.

Gamon J A, Penuelas J, Field C B. A narrow-waveband spectral index that tracks diurnal changes in photosynthetic efficiency [J]. Remote Sensing of Environment, 1992, 41 (1): 35-44.

Gitelson A A, Buschmann C, Lichtenthaler H K. The Chlorophyll Fluorescence Ratio F735/F700 as an Accurate Measure of Chlorophyll Content in Plants [J]. Remote Sensing Environment, 1999, 69 (3): 296-302.

Haboudane D, Miller J R, Tremblay N, et al. Integrated narrow-band vegetation Indices for prediction of crop chlorophyll content for Application to precision agriculture [J]. Remote Sensing of Environment, 2002, 81: 416-426.

Le Maire G, Francois C, Dufrene E. Towards universal broad leaf chlorophyll indices using PROSPECT simulated database and hyper-spectral reflectance measurements [J]. Remote Sensing of Environment, 2004, 89 (1): 1-8.

Rafael Mᵃ Navarro-Cerrillo, Jesus Trujillo, Manuel Sánchez de la Orden, et al. Hyperspectral and multispectral satellite sensors for mapping chlorophyll content in a Mediterranean Pinus sylvestris L. plantation [J]. International Journal of Applied Earth Observation and Geoinformation, 2014, 26: 88-96.

Sims D A, Gamon J A. Relationships between leaf pigment content and spectral reflectance across a wide range of species, leaf structures and developmental stages [J]. Remote Sensing of Environment, 2002, 81 (2-3): 337-354.

Vogelman J E, Rock B N, Moss D M. Red edge spectral measurements from sugar maple leaves [J]. International Journal of Remote Sensing, 1993, 14 (8): 1 563-1 575.

5　东西连岛生态环境监测与分析

5.1　研究目的和意义

　　海岛作为国土资源的重要的一部分，它同时兼具了海洋和陆地两大资源特点，并且在海洋渔业、国防建设、旅游、物种保护以及航运等许多方面都发挥着独特的作用。除此之外，利用海岛还可以建设资源保护区、海洋开发基地及经济开发区等多种研究基地。

　　海州湾东西连岛是连云港最为重要的海岛开发区域，自然研究价值日益提升。在开发海岛经济的同时，海岛生态环境质量也是不能忽视的重要方面。本章采用高空间分辨率遥感影像和数字高程信息相结合的技术，选取植被覆盖度、土壤指数和坡度因子三个因素监测东西连岛的生态环境质量。海岛生态环境的质量对海岛生态系统的健康可持续发展具有重要的指示意义，该研究可为深入探讨海岛生态环境动态监测研究提供参考依据。

5.2　国内外研究现状

　　国外对于海岛的研究主要有：Mor-gan 选用海岛的自然、生物、人文以及开发程度等评价因子来研究海岛风景美学、气候适宜性和安全性等；M. A. Bonn 研究了海滨旅游具有的季节性特点；Dahl 以一个位于太平洋的封闭的海岛作为研究对象，探讨了以大众旅游模式还是"生态"旅游模式作为发展路线的问题；Hig-gins-Desbiolles 研究了海岛的旅游发展对于海岛生态环境的影响；Habrova 从牧业发展和海岛渔业两个方面研究索科特拉岛的可持续利用和土地资源承载能力等。

　　国内对于海岛的研究主要有：李植斌研究了舟山群岛资源开发和资源特征的限制因素，并探讨了港口航道、旅游、盐业、海洋生物和海洋能源等优势资源的开发利用；岑博雄以北海涠洲岛为研究对象，建立起海岛旅游开发的发展路线；陈烈以茂名市放鸡岛作为研究对象，运用生态景观学和旅游地理学探讨无居民海岛的生态旅游规划及其发展战略，得到生态环境是研究无居民海岛的重要部分的结论；刘伟首次探讨了海岛地区旅游环境承载能力，综合经济环境承载力、社会环境承载力和自然环境承载力等多项指标构建了系统的评价指标体系；宋延巍建立了海岛生态系统的健康评价指标体系；李东旭初步探索了海洋的资源环境承载能力，并构建了海洋主体功能区划理论体系；麻德明等借助空间数据引擎（ArcSDE）和关系数据库（Oracle）技术，构建了海岛空间数据库框架体系，为海岛空间数据组织和管理提供了一个有效的解决方案，同时为海岛管理信息系统提供了数据支持；麻德明等利用 ArcGIS Server 技术，借助 Visual Studio. NET 开发平台，提出基于 B/S 和 C/S 的混合架构来构建海岛信息管理系统的思想，设计了系统的基本框架、功能和数据库，探讨了系统实现过程中的关键技术；杨燕明等介绍了一种适合海岛管理使用的无人机遥感技术；王晓丽研究了海岛陆地生态系统固碳估算方法等。

对于东西连岛的开发及规划构想，杜国庆确定了它的开发方向和总体规划布局，并对连岛的发展规模进行了预测；徐晶晶分析了海州湾东西连岛附近海域表层溶解氧含量多年变化趋势。

总之，海岛在生态系统健康、旅游、资源分析、海岛陆地生态系统固碳估算、海岛生态环境监测等方面的研究都有涉猎，但研究成果不丰富、研究内容不成体系；尤其针对有居民海岛的研究不够全面。本章基于高分辨率遥感影像和数字高程模型，详细开展连云港市海州湾东西连岛生态环境质量研究。

5.3　技术路线

东西连岛生态环境监测研究主要包括遥感图像的获取和预处理阶段和东西连岛生态环境质量评价阶段。在遥感图像的获取和预处理阶段，主要包括遥感图像和非遥感数据的获取，以及对遥感图像进行几何校正和图像裁剪预处理，对非遥感地形图数据进行几何校正、矢量化和生成数字高程模型等预处理。在东西连岛生态环境质量评价阶段，主要是基于前人构建的东西连岛生态环境质量评价模型，应用遥感和地理信息系统技术获得"植被覆盖度""土壤指数"和"坡度"三大东西连岛生态环境要素，进而应用先验模型得到东西连岛生态环境质量评价结果。具体技术路线如图 5-1 所示。

5.4　数据获取和预处理

5.4.1　数据获取

5.4.1.1　遥感数据获取

法国 SPOT 卫星系列由 5 颗卫星组成，其中 SPOT5 最为出色。这颗卫星于 2002 年 5 月发射，高度为 830 km，轨道倾角 98.7°，太阳同步准回归轨道，回归天数为 26 天，采用线性阵列式传感器（CCD）和推扫式扫描技术进行成像。SPOT5 卫星载有 2 台高分辨率几何成像仪（HRG）、1 台高分辨率立体成像装置（HRS）和 1 台宽视域植被探测仪（VGT）；共有 5 个工作波段，SPOT5 遥感数据的多光谱波段空间分辨率为 10 m（短波红外空间分辨率为 20 m），但全色波段空间分辨率达到 2.5 m。本章采用 2010/06/06 02：50：57 2 J Level 2A SAT 0 的 SPOT5 遥感影像。

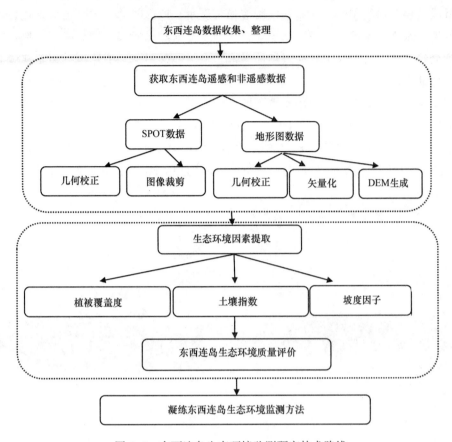

图 5-1 东西连岛生态环境监测研究技术路线

表 5-1 SPOT5 卫星数据介绍

波段名称	光谱范围 （μm）	高分辨率成像 装置分辨率（m）	植被成像装置 分辨率（km）	高分辨率立体成像 装置分辨率（m）
PAN（全色波段）	0.49~0.69	2.5		10
B1（绿光波段）	0.49~0.61	10		
B2（红光波段）	0.61~0.68	10	1	
B3（近红外波段）	0.78~0.89	10	1	
B4（短波红外波段）	1.58~1.78	20	1	

5.4.1.2 非遥感数据获取

地形图（topographic map）指的是地表起伏形态和地理位置、形状在水平面上的投影图。如图上只有地物，不表示地面起伏的图称为平面图。平面地形图又分为等高线地形图和分层设色地形图。地形图指比例尺大于 1∶100 万的着重表示地形的普通地图，是根据地形测量或航摄资料绘制的，误差和投影变形都极小。地形图的制图区域范围比较小，因此地面的地貌水文、土壤、植被、地形等自然地理要素和交通线、境界线、居民点、工程建筑等社会经济要素可以较精确而详细地表示出来。地形图是经济建设、国防建设和科学研究中不可缺少的工具，也是编制各种小比例尺普通地图、专题地图和地图集的基础资料。不同比例尺的地形图，具体用途也不同。地质图分幅法指按坐标格网分幅的矩形分幅法，一般用于城市和工程建设 1：500~1：2000 的大比例尺地图的分幅；按经纬线分幅的梯形分幅法，一般用于 1：5000~1：100 万的中、小比例尺地图的分幅。此次所使用的东西连岛地形图是由中国人民解放军总参谋部测绘局提供的 1：50000 的东西连岛地图（图5-2）。

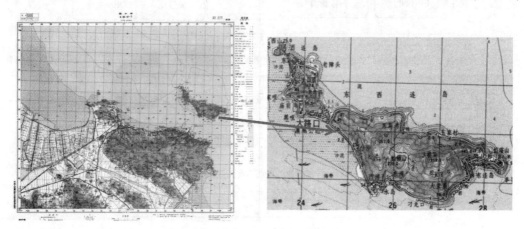

图 5-2　海州湾东西连岛地形图

5.4.2　数据预处理

5.4.2.1　研究区地形图的几何校正

1）坐标系简介

地理坐标系和投影坐标系是地理投影中常用到的地图坐标系。地理坐标系是以经纬度为单位的地球坐标系统，地球椭球体（spheroid）和大地基准面（datum）是地理坐标系中非常重要的两个部分。由于地球表面的不规则性，需要利用一个形状大小类似于地球的椭球体用于数学计算的模型，而这个椭球体就是所谓的地球椭球体，我国常用的椭球体有克拉索夫斯基（krasovsky）椭球体、WGS84 和 IAG75，有关其详细参数如表 5-2 所示。大地基准面是指当前所使用的参考椭球和 WGS84 参考椭球间的相对位置关系，而它们之间的关系可以用 3 个、4 个或者 7 个参数来表示，每一个椭球体都对应着一个或多个大地基准面。

表 5-2 我国常用的椭球体参数一览表

椭球体名称	年份	长半轴（m）	短半轴（m）	扁率
克拉索夫斯基（Krasovsky）	1940	6 378 245.0	6 356 863.0	1：298.3
WGS84	1984	6 378 137.0	6 356 752.3	1：298.257
IAG75	1975	6 378 140.0	6 356 755.3	1：298.257

投影坐标系指的是将地球上的经纬网通过一些数学运算法将它们表示到平面上，属于平面坐标系，而这些数学运算法则是所使用的投影类型。目前我们所使用的投影类型有：高斯-克吕格投影（圆柱等角投影），是目前我国所普遍采用的投影类型，在有些国家高斯-克吕格投影则称为横轴墨卡托投影（Transverse Mercator）。高斯-克吕格投影分带标准分为 3 度带和 6 度带，其投影中央经线和赤道相互垂直。美国编制的地球资源卫星相片和世界各地军用地图都是采用全球横轴墨卡托投影（UTM），它是由横轴墨卡托投影经过变形得到的。全球横轴墨卡托投影的中央经线长度比为 0.9996，高斯-克吕格投影的中央经线长度比等于 1。

大地坐标系即选定一系列相连接的三角形的其中一个边作为起算边，经过测量得到这条边两边点的纬度、经度和方位角，然后用精密测角仪器测量出各个角的度数，再经过计算得出各个点的坐标，然后推算出所有点的坐标的坐标系。1954 年，我国在北京设立了大地坐标系原点，由这个坐标系原点而计算出的大地控制点坐标称为 1954 北京坐标系。随着大地测量的快速发展，我国于 1978 年采用国际大地测量协会推荐的 IAG75 地球椭球体建立了我国新的大地坐标系，并在 1986 年宣布在陕西省泾阳县设立了新的大地坐标原点，由新原点计算出来的各大地控制点坐标，称为 1980 年大地坐标系。我们经常给影像投影时用到的西安 80 或者北京 54 坐标系是投影直角坐标系，北京 54 和西安 80 坐标系采用的主要参数如表 5-3 所示。

表 5-3 北京 54 和西安 80 坐标系对比

坐标名称	投影类型	椭球体	基准面
北京 54	高斯-克吕格投影	Krasovsky	北京 54
西安 80	高斯-克吕格投影	IAG-75	西安 80

2）在 ENVI 软件中自定义坐标系

ENVI 中的坐标定义在 HOME/ProgramFiles/Exelis/ENVI50/classic/map_ proj 文件夹下：ellipse. txt 椭球体参数文件，datum. txt 基准面参数文件和 map_ proj. txt，这 3 个文件记录了坐标信息。在 ENVI 中自定义坐标系分三步：定义椭球体、基准面和定义坐标参数。

（1）定义椭球体：添加椭球体的格式为"椭球体名称""长半轴""短半轴"。将"Krasovsky，6378245.0，6356863.0""CGCS2000，6378137.0，6356752.3"和"IAG-75，

6378140.0，6356755.3”这些数据加到 ellipse. txt 文件的末端。

（2）基准面：添加基准面的格式为"基准面名称""椭球体名称""平移三参数"。将"D_ Beijing_ 1954，Krasovsky，-12，-113，-41"、"D_ Xian_ 1980，IAG-75，0，0，0"和"D_ China_ 2000，CGCS2000，0，0，0"加到 datum. txt 文件的末端。

（3）定义坐标系：在 ENVI 任何用到投影坐标的功能模块中都可以新建坐标系（在任何地图投影选择对话框中，点击"New"按钮），也可以事先定义好坐标系，在 ENVI Classic 下选择 Map->Customize Map Projection（如图5-3所示），可以添加一个 20 带的坐标，坐标系名称：Beijing_ 1954_ GK_ Zone_ 20（注：在自定义北京 54 坐标系时，命名坐标系名称 Projection name 需要与 ArcGIS 中的命名保持一致）。

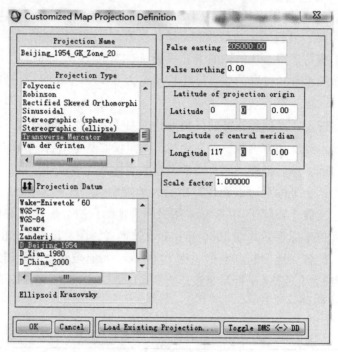

图5-3　新建投影界面

3）地形图的几何精校正

打开 ENVI5.1 软件的 ENVI Classic 界面，点击"File"下"Open Image File"打开地形图"连云港"，然后点击 map-registration-Select GCPs：Image to Map，在弹出的 Image to Map Registration 的界面中选择刚刚定义好的投影 Beijing_ 1954_ GK_ Zone_ 20，对应水准面 Datum 中，选择 D_ Beijing_ 1954，Units 选择 meters，X Pixel Size 和 Y Pixel Size 选择 5 meters；之后在弹出的 Ground Control Points Selection 界面中，首先在地形图左上角的坐标线的十字交叉处选择控制点，并输入该控制点的坐标（图5-4），然后按照这个方法，在地形图的图幅范围内选取控制点，尽可能让控制点在图幅范围内均匀分布，且控制点的误差控制在 1.0 个像元以内，如图5-5所示；控制点选取之后，将之保存，并点击 map-registration-warp from GCPS：Image to Map，完成地形图的几何精校正。

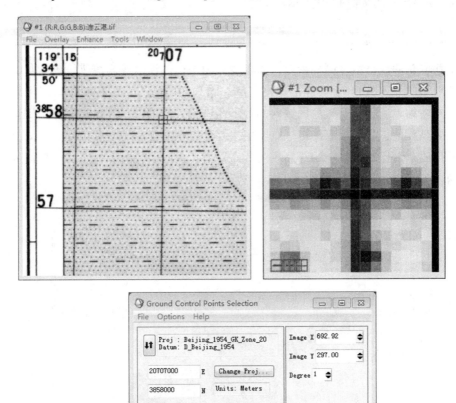

图 5-4 地形图校正控制点的选取界面

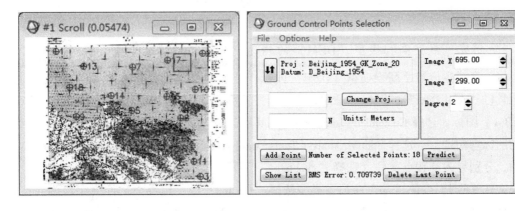

图 5-5 地形图校正控制点的选取界面

5.4.2.2 研究区数字高程模型的构建

1) 地形图的矢量化

为了获取东西连岛数字高程模型，需将地形图中东西连岛等高线进行矢量化。首先将校正后的地形图导入 ArcGIS 软件，并建立点、线和面图层，然后在新建图层中添加高程字段，再开始编辑，将东西连岛区域内的等高线进行矢量编辑，并在相应图层属性表中记录等高线的高程值，最后保存即可。点图层主要存放东西连岛中一些山峰点及其高程；线图层主要存放东西连岛区域中的等高线及其高程值；面图层主要存放东西连岛研究区面边界。东西连岛等高线矢量化成果如图5-6所示。

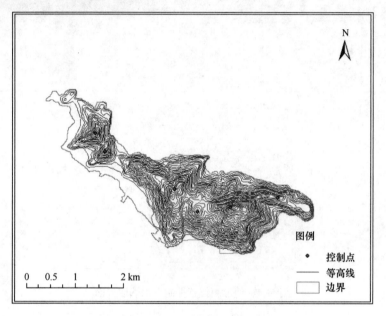

图5-6　东西连岛等高线矢量化成果

2) 研究区数字高程模型（DEM）的构建

将等高线生成数字高程模型（DEM）的操作方法为：首先打开软件 ArcMap10.2，点击工具栏"Add Data"的图标，添加高程点、等高线、边界线和面文件，然后打开"Arc-ToolBox"图标，选择 Customize-Toolbars-Spatial Analyst Tools；Customize-Extensions，将出现的图标均勾选上；选择 Spatial Analyst Tools-Interpolation-Topo to Raster；在出现的对话框中，分别导入高程点文件（选择"gaocheng"字段，类型选择"Point Elevation"），等高线文件（选择"elevation"字段，类型选择"Contour"），边界面文件（字段为空，类型选择为"Boundary"，分辨率改为"10 m"，与 SPOT 遥感影像分辨率一致）；选择输出路径和文件名，选择输出影像的空间分辨率，点击"OK"即可生成 DEM。之后，选择生成的 DEM 文件，点击右键，选择"data"-export data，可将结果文件导出为 ENVI 默认格式的栅格数据（图5-7）。

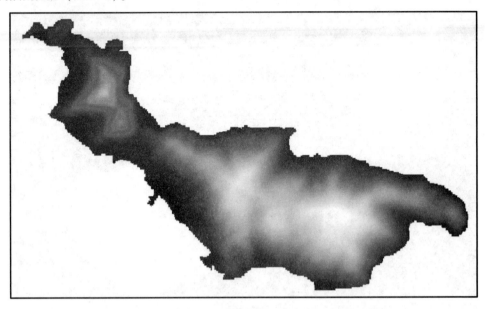

图5-7　数字高程模型

5.4.2.3　研究区SPOT5卫星遥感影像数据预处理

对SPOT5卫星遥感影像的预处理主要是几何精校正和图像裁剪，几何精校正的过程中主要采用map-registration-select GCPs：from image to image，将已经经过校正的地形图作为基准影像，而待校正的SPOT遥感影像为待校正的图像，完成SPOT5的几何精校正。图像裁剪的过程为：首先打开经过几何校正的SPOT5卫星遥感图像，点击"overlay-vectors"，在弹出的对话框中，点击"File-Open Vector File"，打开spot_ roi_ shp.shp，在弹出的对话框中，进行投影参数选择，点击"OK"，即可将裁剪矢量叠加到SPOT5遥感影像中，然后点击File-Export Active Layer to ROIs，即可将矢量转换为ROI，之后点击ENVI主菜单中Basic Tools-Subset Data Via ROIs，即可完成SPOT5遥感影像的裁剪，见图5-8。

5.5　应用高分辨率遥感与数字高程信息监测岛屿生态环境

5.5.1　方法介绍

本书利用以上经过预处理的SPOT5卫星影像和数字高程模型DEM，应用生态环境质量的评价指标法，选取"植被覆盖度""土壤指数"和"坡度"作为东西连岛自然生

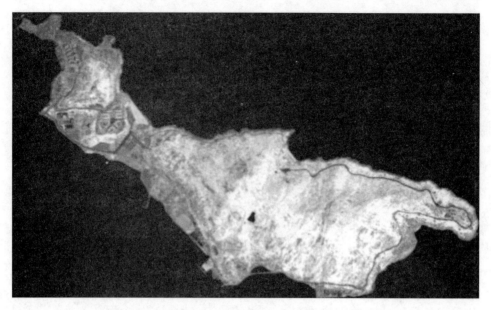

图 5-8　裁剪后的 SPOT5 遥感图像

态环境质量的评价因子。其中"植被覆盖度"和"土壤指数"作为生态因子，而"坡度"则作为地形因子。"植被覆盖度"和"土壤指数"的运算法则是使用了前人所研究建立的运算模型，而"坡度"是利用我们所建立的高程数字模型计算出来的坡度信息。将得到的"植被覆盖度""土壤指数"和"坡度因子"进行归一化处理，将其编码。生态环境评价方法多种多样，如特尔斐法、指数法与综合指数法、评分叠加法、景观生态学法等，本研究结合东西连岛生态环境的实际情况，最终选择指数法与综合指数法作为研究方法。

5.5.2　坡度因子提取

在 ENVI5.1 中打开生成的 DEM 数据，在软件右侧 Toolbox 中输入"topography"，选择"topographic modeling"，选中 DEM 遥感影像，点击"OK"，在出现的地形模型参数对话框中，选择"slope（Degrees）"，选择输出路径和文件名，点击 OK 即可，结果如图 5-9 所示。

5.5.3　植被覆盖度因子获取

利用式（5-1）计算植被覆盖度因子：

$$FC（植被覆盖度）=（NDVI-NDVImin）/（NDVImax-NDVImin） \tag{5-1}$$

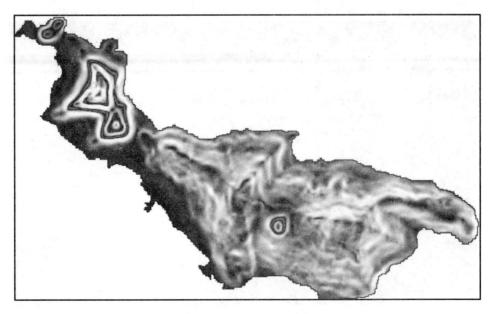

图 5-9　基于 DEM 的坡度信息

在上式中，NDVI 为归一化植被指数，NDVImax 为区域中 NDVI 的最大值，NDVImin 为区域中 NDVI 的最小值。在实际运算中，由于误差以及图像存在噪点的原因，因而 ND-VImax 和 NDVImin 可能不是最大 NDVI 值和最小 NDVI 值。所以在运算时，我们不是采用由图像得出的 NDVI 的最大、最小值进行运算，而是从 NDVI 的直方图中选取一定的置信度。

查看直方图，点击"Enhance - Interactive Matching"，在出现的对话框中，点击 Histogram_ Source 下"ROI"。为了在弹出的对话框中有可供选择的 ROI，首先点击 "Overlay-Vectors"，在弹出的对话框中，点击"File-Open Vector File"，选择"spot_ roi_ shp. evf"，然后点击"File-Export Active Layer to ROIs"，即可将矢量转换为 ROI。从直方图中找到代表植被像元 NDVI 的最大值和最小值的拐点，然后利用波段运算法得到植被覆盖度因子。

5.5.4　土壤指数因子提取

在获取土壤指数时，我们所使用的是裸土植被指数（GRABS）模型：

$$GRABS（裸土植被指数）= VI - 0.091\ 78\ BI + 5.589\ 59 \qquad (5-2)$$

在式（5-2）中，VI 为穗帽变换的绿度指数；BI 为土壤亮度指数。BI 和 VI 指数可分别用来评价裸土和植被的行为。植被覆盖度与绿度指数存在较大相关性，而土壤亮度对植被覆盖度也存在较大影响。裸土信息指标的变化主要是由其亮度造成的，所以由上述 VI 和 BI 之间存在的线性组合得到的裸土植被指数能很好地反映这个区域的土壤指数。利用 ENVI

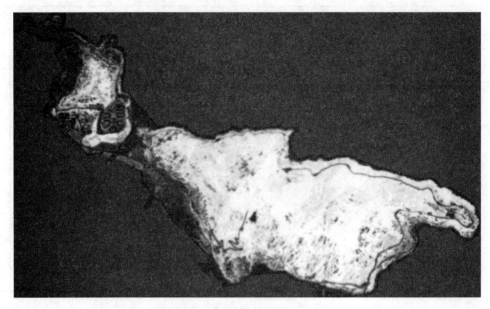

图 5-10　植被覆盖度因子计算结果

软件中波段数学（Band Math）模块，在公式输入栏中输入：$b2-0.09178*b1+5.58959$，选择缨帽变换图中的 Brightness 波段和 Greenness 波段分别为公式中的 $b1$ 和 $b2$，从而得到土壤指数图像，结果如图 5-11 所示。

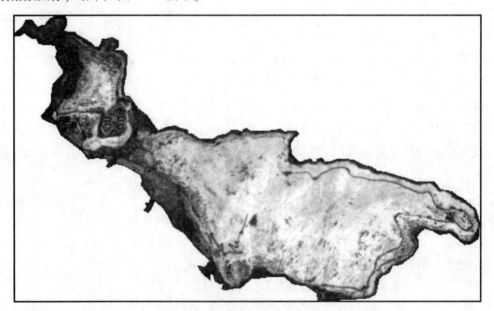

图 5-11　土壤指数因子提取结果

5.5.5　生态环境因子归一化处理

由以上得到的"植被覆盖度""土壤指数"和"坡度因子"还没有办法评价生态环境质量，还需要引入生态因子归一化这个概念。根据各指标的量化分值在生态环境质量中的贡献程度，使用一个统一的编码顺序原则，按照各个指标对生态环境的正相关性影响，将之分为若干级，生态指标越大则对生态环境贡献越大，编码则也越大。反之，则越小。在本研究中，将各个评价指标分为10级（表5-4）。植被覆盖度越高，则编码越大。在生态环境中土壤指数是和土壤的组成以及土壤侵蚀密切相关，这里采用的是裸土植被指数作为土壤指数指标，同样将土壤指数值划分为10级，质量越好则编码值越大。地形因子坡度对水土流失影响最大。一般情况下，侵蚀量与坡度呈正相关，将研究区划分为10级坡度类型，按坡度越低越有利于土地资源利用的原则，较低坡度区赋予较高分。

表 5-4　生态指标编码一览表

编码值	植被覆盖度（%）	土壤指数值	坡度值（°）
1	0~10	−90~−70	>45
2	10~20	−70~−60	40~45
3	20~30	−60~−50	35~40
4	30~40	−50~−40	30~35
5	40~50	−40~−30	25~30
6	50~60	−30~−20	20~25
7	60~70	−20~−10	15~20
8	70~80	−10~0	10~15
9	80~90	0~2	5~10
10	90~100	2~13	<5

确定好归一化对照表后，可以利用 ENVI 下的密度分割工具进行归一化处理。以坡度的归一化处理为例介绍这个过程。

（1）打开密度分割面板：在左侧图层管理器中找到坡度图层，在图层上单击右键，选择"Raster Color Slices"，按照默认选中的波段，点击"OK"。

（2）进行密度分割：在打开的密度分割面板中，用 图标清除默认区间，并用 图标依次输入每个区间的最小值、最大值，添加 10 个等级（要按照编码值从 1 到 10 的顺序输入），点击"OK"。

经过以上步骤得到植被覆盖度因子、坡度因子和土壤指数因子归一化之后的结果，见图 5-12~图 5-14。

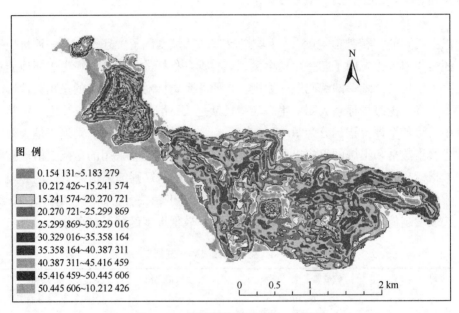

图 5-12　植被覆盖度因子归一化结果

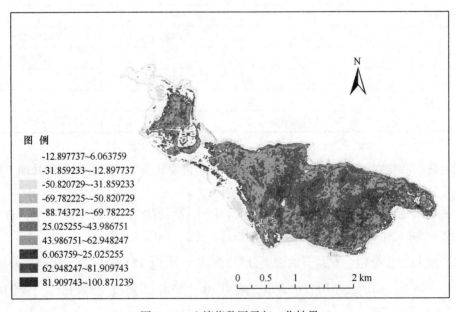

图 5-13　土壤指数因子归一化结果

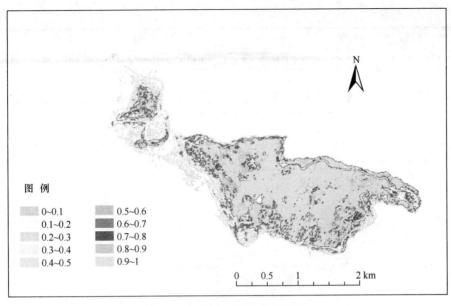

图 5-14　坡度因子归一化结果

5.5.6　东西连岛陆域生态环境监测

生态环境评价选择的评价模型是指数法与综合指数法，模型如下：

$$E = W_1 * Sv + W_2 * Ss + W_3 * St \qquad (5-3)$$

这里使用的权重值为：$W_1 = 0.7$，$W_2 = 0.2$，$W_3 = 0.1$，是根据每个因子的贡献量大致估算的权重。评价结果计算过程：利用 ENVI 主菜单/Basic Tools/Band Math，在公式输入栏中输入 $0.7 * b1 + 0.2 * b2 + 0.1 * b3$，其中，$b1$ 选择植被覆盖度，$b2$ 选择土壤指数，$b3$ 选择坡度；用掩膜处理背景区域——工具栏/Raster Management/Masking/Apply Mask，选择上一步生成的生态环境评价结果，在 select mask band 选择掩膜文件，按照 255 值进行掩膜，这样背景值统一变为 255，便于后续制图。应用该模型计算得到东西连岛生态环境质量评价结果，如图 5-15 所示。其评价等级如表 5-5 所示，综合评价指数越高，等级越好，生态环境就越好。

表 5-5　环境质量评价

评级等级	综合评价指数	说　　明
优	8~10	生态环境质量很好，生态环境保持很好，未遭到破坏，生态系统功能完善稳定，自身恢复能力强
良	4~8	生态环境质量良好，生态环境保持较好，生态系统功能基本稳定，自身恢复能力较强

评级等级	综合评价指数	说　明
中	2~4	生态环境质量较差，生态环境遭到不同程度的破坏，生态系统不稳定，自身恢复能力较弱
差	1~2	生态环境质量很差，生态环境遭到严重破坏，生态系统自身恢复能力非常薄弱

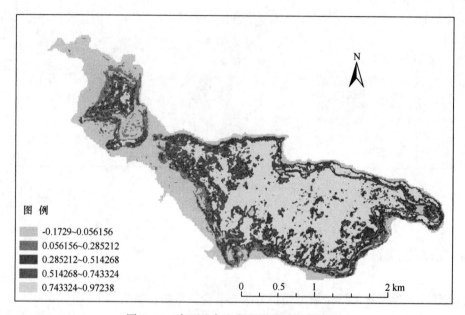

图例

- -0.1729~0.056156
- 0.056156~0.285212
- 0.285212~0.514268
- 0.514268~0.743324
- 0.743324~0.97238

0　0.5　1　2 km

图 5-15　东西连岛生态环境质量评价结果

5.6　本章小结

随着海洋经济的发展，保护海洋资源越来越重要，海岛作为一种独特的兼有海洋和陆地特性的宝贵资源，其重要性不言而喻。为探讨应用高空间分辨率遥感影像和数字高程模型开展海岛陆域生态环境质量，选择"植被覆盖度""土壤指数"和"坡度因子"这 3 个因子作为研究东西连岛的生态因子。将之进行编码，经过数学模型可以直观地表示出东西连岛生态环境质量指标。得出如下结论。

东西连岛生态环境优（8~10）的占到约 20%，主要分布在海岛的内部，深林腹地；良（4~8）的占到约 46%，主要分布在岛内部山林，耕地；中（2~4）的占到约 20%，主要分布在沿海岸地带；而差（1~2）占到约 4%，主要是在海岸边。从这些数据可以得到东西连岛的生态环境处于良好的状态，生态环境保持较为完好，生态系统功能稳定，自身恢复能力较强。

参考文献：

李植斌. 浙江省海岛区资源特征与开发研究 [J]. 自然资源学报，1997，12（2）：139-145.

岑博雄. 北海涠洲岛生态旅游开发的基本思路 [J]. 旅游学刊，2003，18（2）：69-72.

陈烈，王山河. 无居民海岛生态旅游发展战略研究—以广东省茂名市放鸡岛为例 [J]. 经济地理，2004，24（1）：416-419.

刘伟. 海岛旅游环境承载力及开发研究 [D]. 辽宁师范大学学位论文，2006.

宋延巍. 海岛生态系统健康评价方法及应用 [D]. 中国海洋大学学位论文，2011.

李东旭. 海洋主体功能区划理论与方法研究 [D]. 中国海洋大学学位论文，2011.

麻德明，吴桑云，张兆代，等. 基于 ArcGIS Server 的海岛管理信息系统设计与实现 [J]. 海岸工程，2010，29（3）：65-73.

麻德明，丰爱平. 基于 ArcSDE 和 Oracle 的海岛空间数据库框架设计 [J]. 测绘与空间地理信息，2010，33（2）：149-151.

杨燕明，郑凌虹，文洪涛，等. 无人机遥感技术在海岛管理中的应用研究 [J]. 海洋开发与管理，2011，28（1）：6-10.

王晓丽，王媛，石洪华，等. 海岛陆地生态系统固碳估算方法 [C]. 生态智慧与可持续发展国际研讨会. 2014.

杜国庆. 东西连岛开发及规划构想 [J]. 南京大学学报，1993，29（4）：690-696.

徐晶晶. 海域表层溶解氧含量多年变化趋势分析 [J]. 环境科学与管理，2009，（2）：68-70.

Mor-gan. Morgan R. Some factor affecting coastal and scape aesthetic quality assessment [J]. Landscape Research，1999，24（2）：167-185.

M. A. Bonn. BonnM A.，Seasonal Variation of Coastal Resorts Visitors：Hilton Head Island [J]. Journal of Travel Research，1992，31（1）：50-56.

Dahl C. Tourism development on the Island of Pohnpei（Federated States of Micronesia）：Sacredness，control andautonomy [J]. Ocean & Coastal Management，1993，20（3）：241-265.

Higgins-Desbiolles F. Death by a thousand cuts：Governance and environmental trade-offs in ecotourism development at Kangaroo Island，South Australia [J]. Journal of Sustainable Tourism，2011，19（4-5）：553-570.

6　东西连岛港池地层划分研究

6.1　研究目的和意义

海洋开发和工程建设开始以前，一定要对该地区的海底地貌特征和工程地质状况做出全面的调查研究，并且对在工程实施过程中可能遇到的困难地质条件和灾害地质情况做出客观评价，从而避免损失。这需要我们对水下地层结构进行探测研究。水下浅地层剖面结构的探测研究最为常见的方法就是利用声学原理来探测，例如浅地层剖面仪、侧扫声呐系统、多波束测量系统等。

浅地层剖面探测是近年来海洋工程勘察和海底地形调查的主要观测手段之一，它依赖声呐技术对海底地质情况（地层层序、地质结构与构造）进行连续走航测量，与其他的浅海地质调查方法相比，具有操作简单、高效且经济的特点，因此在浅海工程中的应用越来越广泛。目前，浅地层剖面仪主要应用于港池探测与清淤以及海底管线的铺设工程中。就港池探测工程而言，通过与相应钻探点的数据进行交互比对，能够快速查明海底地层中各类型覆盖物的深度、基岩的埋深与分布、影响工程施工的灾害性构造及其分布，从而为港池开发工程提供详尽的前期地质资料。

连云港地处江苏省的东北段，东西连岛位于连云港东部海域，港池建设离不开地层地质调查，利用浅地层剖面仪探测研究东西连岛港池地层划分，可以为进一步开展港池内的生态修复工程或为港口建设工程提供参考资料，例如港池清淤工作和新港区的选址工作等。

6.2　国内外研究现状

国外对海域浅地层结构的研究程度较高，其理论和方法比较成熟。目前集中在应用层序地层学的概念及原理研究浅地层沉积的空间分布、构成单元等方面。1965 年，美国的斯克里普斯海洋研究所应用浅地层剖面仪探测太平洋赤道处的深海沉积物，并获得有关沉积物厚度分布的宝贵资料。20 世纪 80 年代，国外浅地层剖面系统已经应用于大陆边缘地形、地貌及沉积物运移研究。2008 年，随着浅地层剖面仪信噪比和分辨率方面的显著提高，Gwladys Theuillon 在墨西哥湾的利翁湾里使用浅地层剖面仪确定利翁湾沉积物地层，主要采用了放射器跟踪、反射系数估计以及吸收系数估计的方法。2009年，Y. -T. Lin 和 C. C. Schuettpelz 应用声学和探地雷达技术，在美国五大湖、内陆湖和威斯康星河流开展水深和浅地层调查，研究表明：电磁技术和声学技术能够在地层探测和成像研究上优势互补，声波在地层探测过程中容易损失，但声波的穿透力强，而电磁波恰恰相反。所以，在获取浅地层剖面影像过程中，基于声波的浅地层剖面仪和基于电磁波的探地雷达都是非常有效的方法。2013年，Satyanarayana Yegireddi 和 Nitheesh Thomas 提出了使用图像处理和神经网络技术对浅地层声学图像进行分割和分类。在目前研究中，仅仅利用很弱的声学反射率就能够很好地优化底泥地层边界。所以，发展图像处理技术，采用 SOM 神经网络模型对底层特征辨别分类，对研究浅地层结构大有裨益。

我国近海海域浅地层结构的研究起步较晚，但随着近年来石油、天然气等矿产资源的开发以及海洋工程的发展建设，浅地层结构研究取得了很大的进步。一系列地质地层的调查不断开展。主要采用的仪器就是浅地层剖面仪，浅地层剖面仪带有先进的声呐发射以及接收系统，可以通过沉积物岩性、沉积层结构和构造变化的反射波记录来获取高分辨率的海底地层剖面信息。2009年8月，利用浅地层剖面仪对海南洋浦港某公司码头港池进行了扫海测量，配合前期的钻探工作，详细探明了码头内淤泥、砂性土层、黏性土层以及基岩的埋深与分布状况，没有发现明显的有碍施工的地质结构体，为港池开挖工程的顺利开展提供了保障。由于反射声波经地质体发射后会携带地质体的信息，同时会受到外部扰动的影响，因此，我们需要对浅地层数据进行处理。目前主要的处理方法有滤波、叠加、校正等，再采用阈值和裁剪、带通滤波以及反褶积等常用数据处理方法，提高数据的信噪比以及分辨率，获取较为清晰的地层影像。在地层划分的研究中，目前国内比较常用的地层解译方法是根据各个层级的声学反射界面的特征，即根据对声学地层剖面的分析和解译，通过相位、波形特征、振幅和连续性等对比，确定强声学反射界面，以此来对浅地层进行地层划分。王方旗，吴永亭等曾利用浅地层剖面仪，在金州湾人工岛进行地质勘察，通过对声学地层剖面的综合分析和解释，结合工程地质钻孔资料和沉积地层岩性单元对比研究，确定了8个连续的强声学反射界面，再根据这8个反射界面，将声学地层剖面划分为6个地学层序。

6.3 技术路线

东西连岛港池地层划分研究主要分为3个阶段，分别是资料的收集与整理、数据的采集与处理、地层划分。详细的技术路线如图6-1所示。

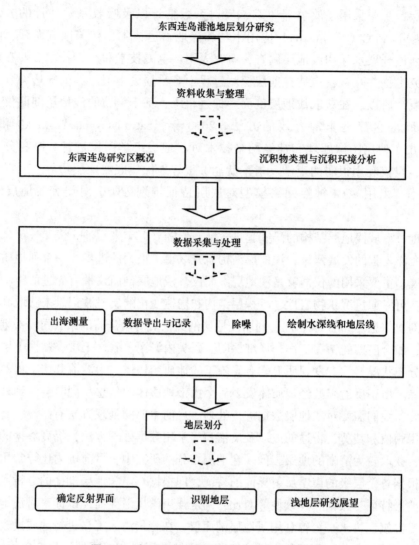

图 6-1　东西连岛港池地层划分研究技术路线

6.4　数据获取和预处理

6.4.1　浅地层剖面仪测定浅地层数据

6.4.1.1　浅地层剖面仪简介

浅地层剖面仪测量技术的主要原理是声波对水下沉积物分层结构进行连续探测，从而获得直观的浅地层剖面数据的声学探测技术方法。在不同的介质中，声波的传播速度也不同。如果将海底看作一个层状的模型，那么海底的沉积物存在很多个界面。当浅地层剖面仪对海底发射一定频率的声波时，声波在接触到不同的沉积物时，一部分的声波穿过沉积物的界面继续向下传播，而一部分声波会发生反射，如图6-2所示。声波在水底反射的能量大小是可以通过反射系数 R 来表示的，如式（6-1）所示：

$$R = \frac{\text{入射脉冲振幅}}{\text{反射脉冲振幅}} = \frac{\rho_2 v_2 - \rho_1 v_1}{\rho_2 v_2 + \rho_1 v_1} \tag{6-1}$$

式中，ρ_2、v_2，ρ_1、v_1 分别代表一、二层介质的密度和声速。

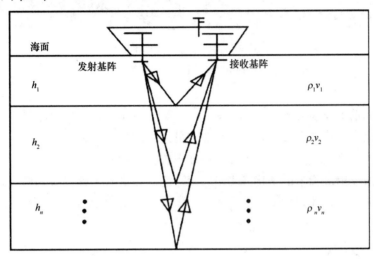

图6-2　浅地层剖面仪工作原理

反射声波的强度取决于界面两侧介质的差异，当两侧介质的差异性较大时，即 $\rho_2 v_2 - \rho_1 v_1$ 的值较大，能够接收到较强的反射信号；反之，则接收到较弱的反射信号。接收到的反射信号包含了很多的关于地层的地质信息，因此通过分析不同沉积物类型对于声波的反射特性，就能基本辨别沉积物类型，了解水下地层的地质构造。

本研究采用的浅地层剖面仪是德国 Innormar 公司生产的 SES-2000 浅地层剖面仪。SES-2000 剖面仪系统采用 2 个 100 kHz 的频率换能器作为主频声呐，由于 100 kHz 的换能器有一定的带宽，因此利用二者之差可以获得多个低频。SES-2000 浅地层剖面仪是世界上第一套便携式的参量阵浅地层剖面仪，它可提供测深、浅地层剖面测量解决方案，可以进行浅地层剖面探测和精确水深测量，具有很高的分辨率，适合于浅地层及海底管线等目标的精确探测。它仅由一个工作站就能完成数据采集及后处理等全部工作，换能器具有小巧轻便、安装快捷的特点，是进行浅地层剖面及高精度水深测量的最佳设备。SES-2000 系统可实时探测水底沉积物的剖面分布深度和管线目标物的反射弧，帮助我们实时获取沉积物分布和管道埋设位置信息，如图6-3所示。

6.4.1.2　浅地层剖面仪的船舶安装

将换能器和侧扫声呐通过外壳上的螺栓进行固定，安装在换能器支架上。换能器顶部

109

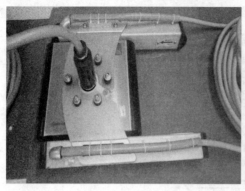

图6-3　SES-2000浅地层剖面仪

左图为换能器；右图为主机控制单元

有箭头标识其向前的安装方向（指向船首）。确定安装固定后，将换能器放入水中，安装位置要尽可能远离噪声源，安装在靠近船头三分之一的位置。换能器吃水尽可能深，与船底保持水平。单元主机放置在甲板上，与换能器连接。单元主机通过地线与换能器外壳连接，以降低声波反射图像上的干扰或噪声。要注意防止进水，确保散热槽无遮盖。GPS安装在支架上，固定在换能器支架上，使GPS信标机处于换能器的上方。如图6-4所示。

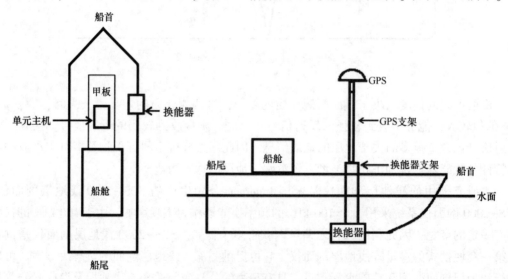

图6-4　浅地层剖面仪船舶安装设计示意图

6.4.1.3　浅地层剖面仪走航测定

目前，国内外利用浅地层剖面仪获取浅地层数据主要采用的方式就是浅地层剖面仪走航测定，将仪器固定在测量船上，利用导航仪，沿着预先设定的测线，匀速航行，从而获取某一个剖面的浅地层数据。SES-2000系统的控制软件为SES for Windows（简称SESW-

IN），并已预装在 SES-2000 系统主机中。为了保证系统正常运行，禁止修改主机 BIOS 设置，也不允许在主机电脑上安装其他软件或设备驱动。基于 SESWIN 软件进行浅地层剖面仪走航测量的详细步骤介绍如下。

（1）双击软件图标启动 SESWIN 软件，Windows 7 系统中，软件打开时可能会弹出对话框询问"是否允许程序对系统所作的更改"，通常选择"Yes"即可。然后会出现系统启动设置（System Startup Settings）对话框，对话框显示主机的各个端口的设置，根据研究的要求修改好各个端口的参数。需要注意的是，在端口确定后，后续操作中参数不能再进行更改。点击"OK"进入 SESWIN 软件主界面。

（2）设置仪器参数并开始测量。首先我们需要查看并设置一些参数。调查船在测量时应匀速沿测线航行，航速不得过快或过慢，调查船掉头或是改变航速时要通告仪器操作室。因为掉头或者改变航速时会影响探测影像的质量。

（3）数据导出。将测量所得的数据导出并保存。

6.4.2 浅地层剖面仪数据预处理

通过测量，我们一共得到了 11 个剖面数据，如表 6-1 所示。

表 6-1 实验数据列表

数据名称	剖面代码	是否有效
gangchi_ 20151128_ 1103726	2	有效
gangchi_ 20151128_ 1103727	32	有效
gangchi_ 20151128_ 1103107	33	有效
gangchi_ 20151128_ 114700	34	无效
gangchi_ 20151128_ 120059	35	无效
gangchi_ 20151128_ 120202	36	有效
gangchi_ 20151128_ 121214	37	有效
gangchi_ 20151128_ 122207	38	有效
gangchi_ 20151128_ 123048	39	有效
gangchi_ 20151128_ 124322	40	无效
gangchi_ 20151128_ 133540	41	有效

从表 6-1 中可以看出，本次出海测量获得的 11 个剖面分别是 2、32、33、34、35、36、37、38、39、40、41。剖面 34、35、40 因不可控因素无效；有效数据是 2、32、33、36、37、38、39、41。先剔除无效的数据，然后再进行后续处理。

在进行水深线和地层线提取前，需先加载文件，再进行除噪处理。首先打开 ISE 软件，以 gangchi_ 20151128_ 113107. ses 图像为例，点击 "File-Load Echo Data"，选择需加载的图像，设置好各类参数以后，打开图像。加载后的结果，如图 6-5 所示。

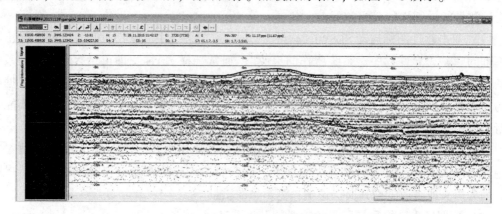

图 6-5　ses 格式数据影像

结合研究区地质资料（水深约 9 m），再根据影像颜色的变化，我们可以清晰地发现，上层空白处为海水，但是在上层部分，也出现了噪声对浅地层剖面影像的影响。利用 ISE 后处理软件进行除噪操作，通过 Extra-Reduce Noise in Water Column 命令，减少海水的噪声。减少的噪声比例可以根据实际需要自行设置。本次处理图像减少的海水噪声比例为 100%。除噪后的影像如图 6-6 所示。

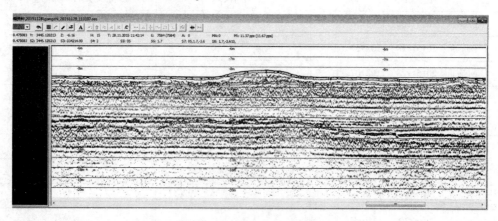

图 6-6　除噪后的影像

从除噪后的影像中可以看出：剔除噪声后，我们可以更加直观地辨别出海底与各个地层。与此同时，我们在设置除噪比例参数时，如果选择的比例太高，会造成影像的失真，如图 6-7 所示。因此，为了不影响图像质量，在减少噪声的时候，要选择合适的减噪比例。

本次实验每个数据采用的除噪比例如表 6-2 所示（无效数据已剔除）。

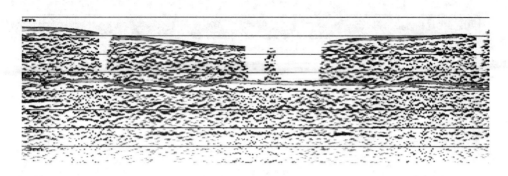

图 6-7 除噪过多造成的影像失真

表 6-2 剖面数据除噪比例统计

数据名称	剖面代码	除噪比例
gangchi_ 20151128_ 1103726	2	100%
gangchi_ 20151128_ 1103727	32	90%
gangchi_ 20151128_ 1103107	33	100%
gangchi_ 20151128_ 120202	36	90%
gangchi_ 20151128_ 121214	37	90%
gangchi_ 20151128_ 122207	38	100%
gangchi_ 20151128_ 123048	39	90%
gangchi_ 20151128_ 133540	41	100%

6.4.3 水深数据提取

水深线的绘制和数据提取是浅地层剖面影像处理过程中非常重要的一个环节，因为一旦水深线绘制出现问题，就会影响到地层线的绘制，同时，在计算地层厚度时，也会出现较大误差。目前水深线绘制有以下两种方法。第一种是使用 Extra-Insert Water Depth as Layer 命令，设置好一定的参数后，如图 6-8 所示。

在图 6-8 所示的话框中，Sensitivity 通常设置为 25%~30%，本次处理选用 30%；Smoothing 阈值范围为 0~32，本次选用 8；为了避免表层噪声干扰，Offset from Top 选择 2 m；在 Options 下拉选项中，勾选 Multiple Segments，点击 "Calculate"，即可得到水深线，得到如图 6-9 所示的效果。但是自动追踪水深线也有弊端，如图 6-10 所示，影像在自动追踪后，会出现不合理的地方。我们可以通过 Edit—Smooth Layer 命令，进行平滑处理，或者手动画线，再点击 "Remove Overlaps within Layer" 命令将不合理的地方补全，如图 6-11 所示。

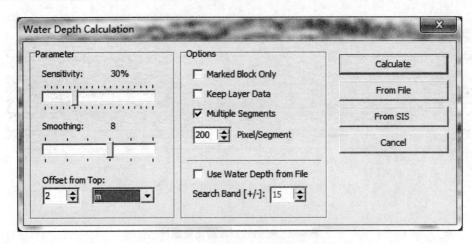

图 6-8 水深线跟踪参数设置

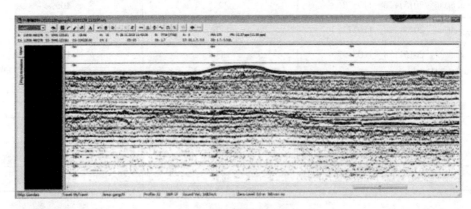

图 6-9 水深线提取

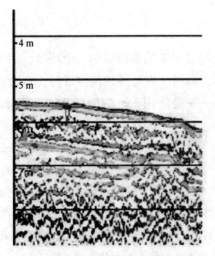

图 6-10 不合理的水深线

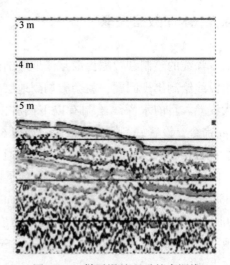

图 6-11 做平滑处理后的水深线

第二种方法就是操作绘制工具手动绘制水深线。但是手动绘制只能反映海底地层的大概位置，会产生较大的误差，因此在水深线的绘制中，采取自动追踪与手动补全相结合的方法，使用 File—Export Layer Data 命令，导出水深线数据，就可以得到该区域的水深数据。值得注意的是，水深线的绘制与提取都是在 layer1 中进行的。

6.4.4 地层数据提取

首先要选择 layer2 层，如图 6-12 所示。

图 6-12 layer2 选择界面

在绘制地层线的过程中，我们同样可以采用自动跟踪或手动绘制两种方法。使用 Extra-Inset Sub-bottom Layer 命令可以自动跟踪地层线，如图 6-13 所示。

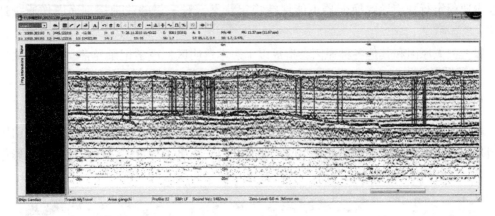

图 6-13 地层线自动追踪

从图中可以清楚地看出：地层线在自动追踪后，即使进行了平滑处理，差异也非常大，显得参差不齐。主要是因为东西连岛港池内沉积环境复杂，在这样的情况下使用自动追踪，是不能完成地层划分的。因此，在地层线的绘制中，主要采用手动绘制的方法，这样有利于清晰地反映地层的分界，有利于地层划分工作。导出地层线数据的方法与水深数据的导出方法一样。

6.4.5 异常数据的剔除

浅地层剖面探测结果受到很多因素的影响，例如仪器本身的性能指标不同，出海测量当天的风浪引起船只摆动，声学探测仪器本身的噪声，甚至是仪器操作者本身的实际水平以及操作经验等。主要的影响因素包括以下 3 个。

1）海底底质

海底的地质构造情况严重制约声波的穿透能力以及仪器勘探的深度。浅地层剖面仪在探测砂质海底等底质，如砂、岩石和贝壳等硬质海底时，深度小于 30 m，但是在探测泥质海底等底质，如淤泥等软质海底时，深度可超过 100 m。这是因为声波随着海底底质变硬，穿透能力越来越弱。

2）噪声

外界的声源信号以及船只的机械噪声都会对信号图像造成干扰，噪声会显示在浅地层剖面数据上，对数据的判别和解释产生非常大的影响。因此，在处理浅地层剖面数据之前，需要对数据进行预处理，处理过程中，要正确识别因噪声产生的图像，利用处理软件消除噪声的影响是非常重要的环节。

3）船只的摆动

受港池大小的限制，调查船在采集数据时，不可避免地要进行掉头等操作，无法保持匀速慢速稳定行驶。导致换能器不能保持稳定状态，对采集的浅地层剖面图像质量造成影响。

以上三大原因和其他各种原因会造成以下声学透明区、声学记录异常、反射界面突变和峰等特殊影像，在数据处理时需要剔除。

1）声学透明区

声学透明区指的是地层剖面声学记录上的空白区域，如图 6-14 所示，声学透明区的原因是，当声波穿过一层密实度较小的地层时，由于物质成分单一，在浅地层剖面影像上产生了一段透明区域。所以，可能的原因是该层的层介质维持不变。

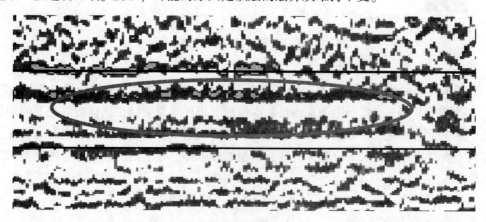

图 6-14　声学透明区

2）声学记录异常

如图6-15所示，浅地层剖面影像发生了明显的形变，可能是由于掉头时船速减慢，位于船体侧面的浅剖拖鱼速度变慢，此时浅剖换能器发射的信号横向上密度变大；同时在转弯时的离心力作用下浅剖信号从垂直发射变为斜向发射，信号在地层中的历时增加，会明显增加地层厚度，导致瀑布图变形。

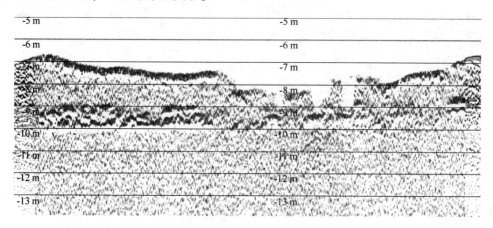

图6-15　声学记录异常

3）反射界面突变

从图6-16中可以明显看出，右侧的海底面明显偏高，中间是个凹槽，而且声学反射界面明显出现了不同，淤泥层厚度降低，其下界面在有些地方发生突变，且形状较为规整，形成原因可能是人工挖的港池区域。

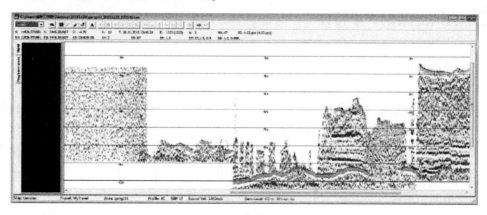

图6-16　反射界面发生突变

4）峰

图6-17中显示的是一个浅地层剖面中峰的影像，而且出现了较多的声学反射界面，

地层层序较为复杂。如果遇到这种情况，应该结合地质调查资料，了解该区域的具体情况。这样的峰对船的航行和海底管道布线都会造成非常大的影响，需要特别注意。

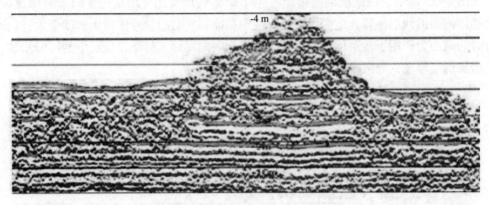

图 6-17 反射界面突变造成的峰

由此可以发现，在浅地层剖面数据采集过程中，有很多因素会影响到图像的质量，进而导致获取的图像无法满足地层划分工作要求。因此，无论是在实际采集过程中还是后期的处理过程中，都需要我们保持严谨的态度，综合考虑各种影响因素，将对图像质量的影响因素降到最低，达到最优的探测效果。同时，在进行数据处理过程中，需对异常数据进行剔除，否则会影响整个实验过程和结果。

6.5 东西连岛港池地层划分

6.5.1 不同地层的声学特性

6.5.1.1 浮泥声学特性

我们通常把表层重度较小且具有类似于水的流动特征的淤泥称为浮泥。细颗粒泥沙悬扬后，随水流运移到航道或掩护区后发生落淤，进而密实成浮泥，或者海床表层淤泥软化并在水平方向发生流动后发生落淤，进而密实成浮泥。浮泥具有粒径极细和颗粒极轻的特点，同时，浮泥是海水与地层的分界面，它的起伏的形态反映了海底的地形变化。当声波传播到该层时，声波发生发射，由于浮泥的含水率较高、孔隙比较大，因此，浅地层剖面影像反映出来的特征为强振幅和高连续。其声学特性与一般的悬浮液有相似之处，如当重度在一定的范围内时，声波的衰减系数与其频率以及重度是线性关系，而声速的大小基本上是不变的。

6.5.1.2 淤泥声学特性

海底淤泥具有颗粒粒径小、密度小、固结程度较低的特点，通常位于地层的上层，由于笼统的淤泥包括浮泥和淤泥，因此本研究所说的淤泥指的是除去表层浮泥的淤泥。在一般的地质构造中，淤泥层和它上部的浮泥层位于海底地层的最上部，声速约为 1 500～1 600 m/s，以强振幅、高能量、高连续性为特征，反射界面平滑，埋藏深度较浅。淤泥层含水率和孔隙比比其上层的浮泥层略低，含少量的细砂，局部区域有可能会出现一些较杂乱的反射，可连续跟踪，起伏较大。

6.5.1.3 黏性土声学特性

黏土层一般位于淤泥层的下方，反射能量较强。该地层往往很容易与砂质地层混淆，如黏土层的密度、厚度较大，层面线以下图形也出现一片白色，而与砂质地层比较，层面线色调略为深些，其下地层有时也会出现多次反射，所以一定要靠钻孔来鉴别浅剖图像，而不能单凭经验以至判错地层，以免给航道工程带来不应有的损失。因此，在影像鉴别过程中，一定要小心谨慎。

6.5.1.4 砂性土声学特性

砂性土不具黏着性和塑性，但透水性极强。该层埋藏深度较深，硬度较大，含水量较少，声波在其上表面发生强反射，一般很难穿透。层面线淡而细，层面线以下地层一般为一片白色。

6.5.2 东西连岛港池浅地层结构分析

6.5.2.1 解译原则与方法

1）干扰信号的识别

海况、生物、尾流以及螺旋桨引起的背景噪声属于宽带，在声学剖面记录上表现为均匀的"雪花"状，机械振动属于窄带，记录上表现为特殊的条带状。

2）反射界面划分的原则

（1）同一层组的波反射连续、清晰、可追踪。

（2）层组内的反射结构、形态、能量、振幅等基本相似，与上下层的差异较为明显。

（3）声学信号的突变说明反射层的地质构造发生了变化。

3）剖面解释

（1）存在强反射界面，且相邻两层存在较为明显差异的，一般是不同地层结构的分界面。

（2）反射波发生错位或者扭曲变形，是由断裂带或其他构造运动引起的。

（3）地层存在不连续的且起伏比较大的图形，出现透明亮点，沉积层理向下弯曲，一般说明浅地层的存在。

（4）出现类似双曲线的反射，说明此处有水下管道、沉船等一些特殊物体。

6.5.2.2 地层划分

利用上述解译原则，结合区域地质和钻井资料以及前人的研究成果（表6-3），对东西连岛港池测区的浅地层剖面影像进行分析。如图6-18所示为测区海域的一个浅地层剖面影像。

表6-3 不同沉积层及其相关指标

沉积类名	岩石名	状态	标准贯入击数 N	重度（Kn/m³）	含水量 W（%）	孔隙比 e
浮泥土类	浮泥	流态		<14.9	85<W≤150	e>2.4
淤泥土类	淤泥	很软	<2	<16.6	55<W≤85	1.5<e≤2.4
	淤泥质土	软	≤4	≤17.6	36<W≤55	1.0<e≤1.5
黏性土类	黏土	中等	≤8	≤18.7	W≤36	
	粉质黏土	硬	≤15	≤19.5		
		坚硬	>15	>19.5		
	黏质粉土	软	≤4	≤17.6		
		中等	≤8	≤18.7		
		硬	≤15	≤19.5		
		坚硬	>15	>19.5		
砂性土类	砂质粉土	极松	≤4	≤17.6		
		松散	≤10	≤18.7		
		中实	≤30	≤19.5		

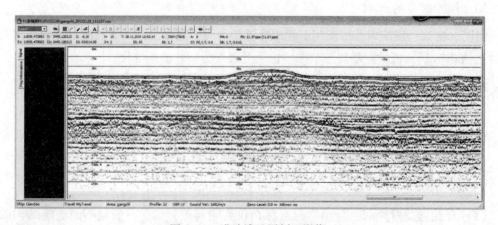

图6-18 港池浅地层剖面影像

应用德国 Innomar 公司提供的浅地层声学剖面后处理软件 ISE 进行后处理。首先打开 ses 格式影像，点击"Extra-Signal Processing"命令，其中的算法（Algorithm）窗口下，有两个选项，分别为 Algo AMP（上）、Algo 1P（下），结果如图 6-19 所示，可以清楚地发现左侧显示声学信号强弱的部分发生很大变化，根据图像解译原则，每次信号的变化都对应着一层强声学反射层。对比图 6-18 与图 6-19 两幅浅地层剖面影像，结合信号的振幅信息以及地质钻井资料和前人的研究成果等进行研究，可以将测区的浅地层划分为 4 个较为清晰的声学反射界面，并将它们分别命名为 T_0、T_1、T_2、T_3。如图 6-20 所示。

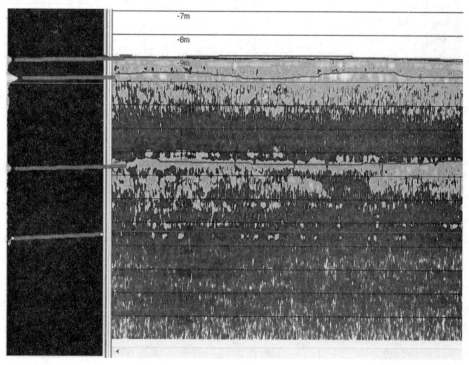

图 6-19　振幅变化表示的强反射界面

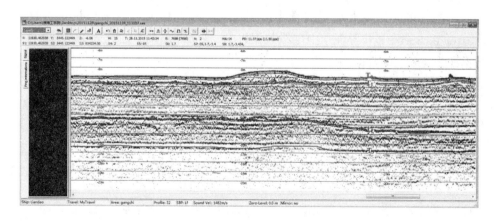

图 6-20　反射界面辨别

两幅浅地层剖面影像清晰地反映了东西连岛港池内的地层分界情况，根据声学界面的划分，结合振幅信号以及测区钻井资料等信息，将东西连岛港池内从上而下分为 4 个地层：浮泥层、淤泥层、黏性土层和砂性土层。如图 6-21 所示。

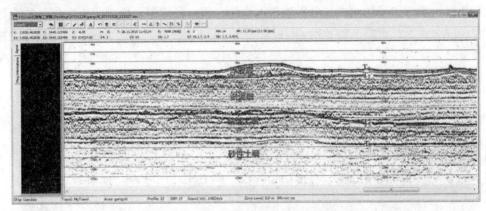

图 6-21　地层划分解译图

1）浮泥层

近几年来，在海洋工程中，浮泥层厚度越来越引起人们的重视，由于浮泥强度低且具有流动性，一般地质勘探方法根本探测不出来，必须要通过采样等方法。在研究地层过程中，我们往往忽略了浮泥的存在，导致海洋工程建设受阻，因此在港口工程、港口和航道疏浚中检测水下地层的浮泥层是至关重要的。根据一些采样分析数据，可以知道连云港港池浮泥颗粒体积小，土壤质量差，声波在该层中发生强反射，同时，浮泥层一般位于地层最上端。根据之前的影像处理，获得浮泥层信息。浮泥上层反射界面为 T_0，是海底的反射面，当声波传播到此处时，发生了一定程度的反射并向下继续穿透。该层也是海水层和地层的分界面，它的起伏也代表着海底面的起伏，反映了该海域的地形地貌变化。在东西连岛港池中，浮泥是普遍存在的，其含水量越高，浮泥的流态程度越高，容易受到海水动力的影响。我们可以导出浮泥层层线数据，利用它们之间的差值获取该层的厚度。利用 Export Layer Data 命令，将浮泥层上层线数据以 txt 格式导出，加载到 Excel 软件中，获得的数据即为实际水深数据。

2）淤泥层

在浮泥层以下，有一段地层的反射结构以平行纹理为主，只有局部的地方出现杂乱，结合地质和钻井资料，判断该层为淤泥层。如图 6-22 所示。

淤泥是广泛存在于海底的一种沉积层，其地层具有极高的连续性，除了在一些人工开挖的工程内有可能会出现中断或是层很薄。淤泥层质地较软，固结性低，在海洋工程中都需要考虑它的存在，淤泥还会造成港池和航道的回淤现象，对港池和航道造成阻塞，造成大型船只航行不便，极大限制了港口的发展。因此，计算淤泥厚度与体积显得尤为重要。

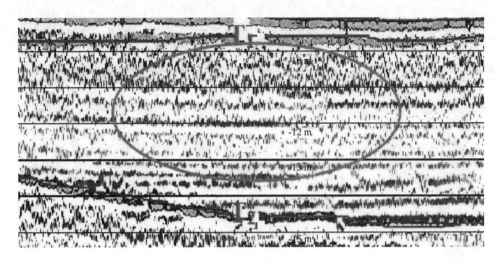

图 6-22 淤泥层影像

与浮泥层的计算同理,将淤泥层的层线数据分别导出,利用 Excel 软件计算差值,可得到淤泥层厚度。

3) 黏性土层

黏性土层如图 6-23 所示,从图中可以看出:黏性土层位于淤泥层下部,声阻抗较大,反射较强。因此在浅地层影像上呈现出比较淡的颜色。有些地方没有黏性土层,而直接是质地更为坚硬的砂性土层。在地层划分工作中,一定要配合钻井工程的作业数据。

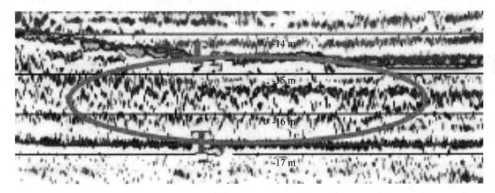

图 6-23 黏性土层影像

4) 砂性土层

砂性土层对声波的反射性极强,因此,声波很难穿透该地层,反映到浅地层影像上的效果就是细小而淡,甚至出现大面积的空白。如图 6-24 所示。

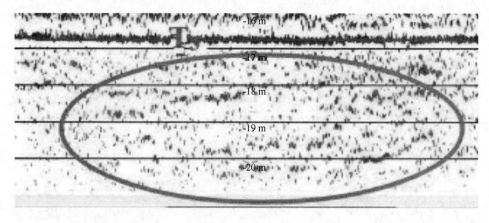

图 6-24　砂性土层影像

6.6　本章小结

利用 SES-2000 浅地层剖面仪对东西连岛港池进行实地探测，通过对浅地层剖面的声学记录影像进行分析，结合一定的钻孔和区域地质资料，研究了东西连岛港池的浅地层结构以及地层划分情况，得出的结论如下。

（1）该海域浅地层大致可以分为四层：第一层为浮泥层，由于该层的含水量高，且通常具有流体特征，因此往往代表着海底面的起伏情况；第二层为淤泥层，该层普遍存在于浮泥层下部，具有很强的连续性，可以进行连续追踪；第三层是黏性土层，该层较薄，局部地方可能消失，甚至有些黏性土层夹杂在淤泥层中间，该层的反射性较强，因此在识别地层时需要结合区域地质资料；第四层为砂土层，该层反射性最强，声波一般无法穿透，因此大部分呈白色。

（2）在地层的声学剖面记录上存在一些特殊的情况，如人工港池、海底管道以及峰等，因此了解浅地层探测的影响因素、声学记录的地质解释以及岩性的声学特征，对于正确判读分层具有重要作用。同时也要求我们在做地层划分工作时，一定要认真细致。

（3）不同岩性层的声学特征有所不同，不同层的反射信号特征如振幅、强度都不同。浮泥层声反射强度高，具有较强的连续性；淤泥层声反射较弱，图像色调较淡；黏性土层的厚度较薄，界面线下会出现白色；砂性土层的硬度较大，声波较难穿透，信号逐渐减弱。

（4）研究东西连岛浅地层结构具有非常重大的应用意义，主要体现在对绿色港口工程建设的影响。通过研究，我们发现该区域的沉积和地层环境非常复杂。因此，在建设港口工程时，一定要结合浅地层结构的特点，因地制宜。东西连岛港池内的淤泥厚度在 2~5m 左右，有个别地区甚至更高。只要我们掌握了浅地层探测技术，就能快速了解港池内的淤泥厚度和体积，这对港池清淤具有极大的意义。

参考文献：

曹双, 罗红雨, 曾飞. 浅地层剖面仪在近海航道工程中的应用 [J]. 工程地球物理学报, 2010, 29（2）：70-75.

陈祥锋, 贾海林, 刘苍宇. 连云港南部近岸带沉积特征与沉积环境 [J]. 华东师范大学学报（自然科学版）, 2000, 1：74-81.

董玉娟, 周浩杰, 王正虎. 侧扫声呐和浅地层剖面仪在海底管线检测中的应用 [J]. 水道港口, 2015, 36（5）：450-455.

范恩梅, 陈沈良, 张国安. 连云港近岸海域沉积物特征与沉积环境 [J]. 海洋地质与第四纪地质, 2009, 29（2）：33-40.

范恩梅. 连云港近岸海域水沙运动与动力沉积研究 [D]. 华东师范大学学位论文, 2009.

冯强强, 温明明, 吴衡. 海洋浅地层剖面资料的数据处理方法 [J]. 海洋地质前沿, 2005, 29（11）：49-66.

黄光. 浅地层剖面仪在水利清淤工程中应用 [J]. 农业与技术, 2015, 35（9）：58-60.

姜海波. 影响浅地层剖面图像的主要因素及改正措施 [J]. 科技传播, 2013（19）：166-178.

李平, 杜军. 浅地层剖面探测综述 [J]. 海洋通报, 2011, 30（3）：6-12.

李一保, 张玉芬, 刘玉兰. 浅地层剖面仪在海洋工程中的应用 [J]. 海洋科学进展, 2007, 4（1）：4-8.

刘洛夫, 徐敬领, 高鹏. 综合预测误差滤波分析方法在地层划分及等时对比中的应用 [J]. 石油与天然气地层, 2013, 34（4）：564-572.

吕连港, 高大治, 刘进忠. 浅地层剖面仪的测量模拟 [J]. 海洋科学进展, 2011, 29（3）：411-418.

彭俊, 陈沈良. 连云港近岸海域沉积物特征与沉积环境分析 [J]. 海洋科学进展, 2010, 28（4）：445-454.

任志勇, 齐玉民, 武海燕. 渤海海域前第三系地层划分对比 [J]. 科技信息, 2010,（23）：441-442.

王方旗, 胡光海, 吴永亭. 渤海金州湾海域声学浅地层剖面及其解释 [J]. 海洋科学进展, 2013, 31（1）：128-137.

王方旗, 吴永亭, 刘乐军. 声学地层剖面探测技术在金州湾人工岛场址勘察中的应用 [J]. 工程地质学报, 2012, 20（5）：841-848.

王方旗, 姚箐, 陶常飞. 声速预测方程在浅地层剖面资料处理中的应用 [J]. 海洋通报, 2011, 30（5）：492-495.

王方旗. 浅地层剖面仪的应用及资料解译研究 [D]. 国家海洋局第一海洋研究所学位论文, 2010.

王华强, 青平, 迟洋. 浅地层剖面仪在港池探测中的应用 [J]. 海洋测绘, 2010, 30（4）：76-78.

王瑞发. 苏北废黄河水下三角洲沉积物与范围 [D]. 南京大学学位论文, 2013.

王艳. 海缆路由探测中浅地层剖面仪的现状及应用 [J]. 物探装备, 2011, 21（3）：145-149.

夏美永, 朱晓利. 浅海剖面仪在海洋工程中的应用 [J]. 物探装备, 2002, 12（1）：52-55.

尹则高. 航道工程中的浮泥研究综述 [J]. 水资源与水工程学报, 2010, 21（3）：92-94.

于洪军. 黄海渤海大陆架的浅地层剖面仪测量与浅地层结构的研究 [J]. 海洋科学集刊, 1995,（36）：119-128.

余江, 周兴华, 李京兵. 浅地层剖面仪在淤泥厚度探测中的应用 [J]. 浙江水利科技, 2009,（6）：70-75.

张兆富. SES_ 96 参量阵测深浅地层剖面仪的特点及其应用 [J]. 水道港口, 2011, (3): 41-44.

周兴华, 姜小俊, 史永忠. 侧扫声呐和浅地层剖面仪在杭州湾海底管线检测中的应用 [J]. 海洋测绘, 2007, 27 (4): 64-67.

诸宏宪, 赵铁虎, 史慧杰. 参量阵浅地层剖面测量技术在近岸海洋工程的应用效果 [J]. 物探与化探, 2005, 29 (6): 526-532.

Gwladys Theuillon, Yann Stephan, Anne Pacault. High-Resolution Geoacoustic Characterization of the Seafloor Using a Subbottom Profiler in the Gulf of Lion [J]. IEEE Journal of Oceanic Engineering, 2008, 33 (3): 240-253.

Innomar Technologie GmbH. ISE 2. 9. 2 Post Processing Software for the Parametric Sediment Echo Sounder SES-96 and SES-2000 [A]. Rostock ISE_ handbook, 2009: 1-67.

J M Woodside, D I Modin, M K Ivanov. An enigmatic strong reflector on subbottom profiler records from the Black Sea-the top of shallow gas hydrate deposits [J]. Geo-Marine Letters, 2003, 23 (2): 269-277.

Satyanarayana Yegireddi, Nitheesh Thomas. Segmentation and classification of shallow subbottom acoustic data, using image processing and neural networks [J]. Marine Geophysical Research, 2014, 35 (2): 149-156.

Y. -T. Lin, C. C. Schuettpelz, C. H. Wu, et al. A combined acoustic and electromagnetic wave-based techniques for bathymetry and subbottom profiling in shallow waters [J]. Journal of Applied Geophysics, 2009, 68 (2): 203-218.

Zhang Jincheng, Cai Aizhi, Guo Yiferi, et al. Application of Sub-bottom Profiler for Coastal Engineering [J]. China Ocean Engineering, 1996, 10 (2): 245-249.

7 东西连岛海域表层沉积物重金属污染监测研究

7.1 研究目的和意义

为了实现海洋强国战略，公众越来越关心和重视海洋环境污染情况。伴随海洋资源开发利用活动越来越频繁且深入，大量的工农业以及生活污水进入海洋，导致出现了一系列的海洋环境污染问题。重金属作为海域重要的污染物之一，有来源广、轻易蓄积、不容易发现、很难恢复的特征，对海洋环境造成严重的污染，对水中的生物形成生态危害，大大地影响了人体健康。进入水体中的污染物通过颗粒物的吸附和沉降富集积累在沉积物中，沉积物成为了污染物的"存储器"，重金属蓄积在沉积物中，在一定的条件下会释放，造成环境的二次污染。在各种各样的污染物中，重金属具有毒性和持久性，所以它非常影响沉积物的质量。相对水体来讲，沉积物中的重金属具有源和汇两种作用，而且丰度高、容易准确检测，所以沉积物在海域重金属污染评价中具有非常重要的意义。在海洋环境质量评价中，重金属污染评价的地位越来越重要，重金属逐渐成为海洋环境质量评价体系中的重要因子。

海洋底质中重金属含量高低是海洋环境能否可持续发展的重要因素。进行沉积物中重金属分析和评价能较好地反映环境重金属污染情况，并可在深层次上为连云港海域环境质量评价和生态环境保护提供科学依据。对于东西连岛海域沉积物重金属污染评价方法的比较和空间分布特征的研究很少，因此对其从不同角度进行评价更具现实指导意义。

7.2 国内外研究现状

7.2.1 海域沉积物研究概述

海洋在人类发展的进程中越来越重要，有关海域沉积物的研究，近几年国内外的研究成果层出不穷。总的来说有以下几类：研究沉积物中重金属、沉积物中悠久污染物、沉积物的粒径分布、沉积物中放射性物质以及沉积物中微生物群落结构特征等。重金属污染具有残留时间长、易于沿食物链转移、对生物和人体危害性大等特点，已引起国内外学者的广泛关注，其中关于海域沉积物重金属污染的研究最多。

7.2.2　研究方法

目前，海域沉积物重金属污染评价的方法有很多，主要有单因子指数法、地累积指数评价法、尼梅罗综合指数法、潜在生态风险指数法、生态风险预警指数法等，这些方法在多年的发展过程中日趋成熟。

有的研究者采集柱状样或表层样来分析垂直尺度和水平尺度的重金属污染状况，还有的研究者从时空分布上分析了重金属含量的特征。贺心然等采集了柱状样采用单因子污染指数法、尼梅罗指数法对连云港近岸海域沉积物进行了 Cu、Pb、As、Hg、Cd 等重金属的垂直特征研究；Ahmed El Nemr 等采集了红海表层沉积物并采用地累积指数评价法、沉积物富集因子法、潜在风险指数法研究了埃及红海沿岸表层沉积物中 Al、Zn、Cu、Ni、V、Pb、Cd 和 Hg 在水平方向上的分布及生态风险评价，并在所有确定的重金属中，给出了镉和汞中等生态风险指标；田慧娟等则采集了连云港南海域 3 月和 10 月沉积物，采用瑞典学者 Hakanson 提出的潜在生态风险指数法重点分析了连云港南海域重金属含量时空分布特征，发现连云港南海域沉积物重金属含量对该海域的潜在生态风险较低；李玉等在连云港对虾养殖区域采集表层底泥，运用海洋沉积物质量国家标准和地累积指数法对该养殖区沉积物中的 Cu、Zn、Pb、Cd、Hg、Cr、As 污染进行了评价。Kazem Darvish Bastami 等采用污染负荷指数和潜在生态风险指数法研究了南部里海沉积物中 Cu、Cr、Co、Ni、Pb、Zn 重金属污染。

从这些研究可以看出国内外的海域沉积物重金属污染研究大多是分析 Zn、Pb、Cu、Cd、Cr、As、Hg 这 7 种元素或者其中几种元素的污染情况，还有一部分报告研究了 Al、Ni、V、Fe、Co 等其他金属元素含量及污染情况。如胡益峰等在研究绿华海上散货减载平台附近海域沉积物重金属时还研究了 Fe 元素的含量，吕利云等在此基础上研究了南黄海近海海域包括 Ni 在内的 8 种重金属元素。

7.2.3　总结

从国内外的研究深度来看，针对海域重金属污染评价的研究已经相当深入，各种不同的评价方法已然成熟。海洋沉积物重金属污染评价工作非常繁琐。它包括重金属的含量、分布特征、生物可累积性以及有效性。我国缺乏海洋沉积物重金属污染评价的相关技术研究。每一种海洋沉积物重金属污染评价的方法都有缺点，要从评价目的入手，采用不同方法进行综合评价才能得到全面、准确的评价结果。另外，关于连云港海域沉积物重金属污染评价已经有很多的研究，但是有关于东西连岛海域沉积物重金属污染评价方法的对比以及 GIS 空间分布特征鲜有报道，需要从不同角度进行评价与对比。

7.3 技术路线

本研究采集海州湾东西连岛海域表层沉积物，使用 5 种评价方法进行重金属污染评价，基于普通克里金空间插值法得到海域沉积物重金属污染空间分布特征。技术路线如图 7-1 所示。

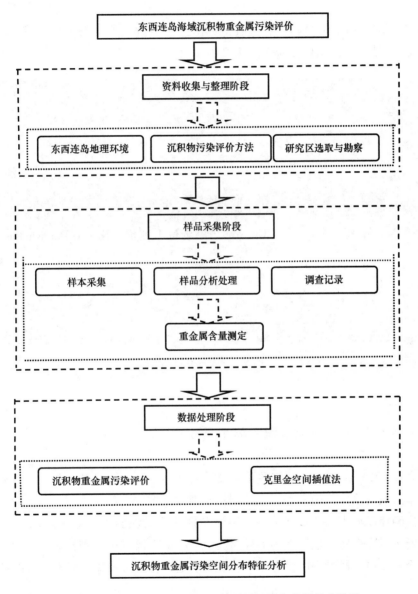

图 7-1 东西连岛海域海底沉积物质量监测与分析技术路线

7.4 东西连岛海域表层沉积物样本采集和重金属测定

7.4.1 东西连岛海域表层沉积物样本采集方案设计

本书重点研究东西连岛海域重金属污染情况，按照站位均匀分布的原则，围绕海岛周围设计共 26 个站点，其站位分布如图 7-2 所示。

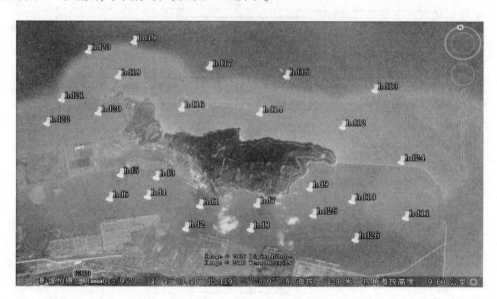

图 7-2　采样站位分布

7.4.2 东西连岛海域表层沉积物样本采集

此研究在 2016 年 4 月 10 日按照预先设计的采样方案，使用 GPS 导航在海州湾东西连岛周边近岸海域（由于航道等原因无法严格按照设计取样，站位实际采样点分布如图 7-3 所示，站位经纬度如表 7-1 所示）用渔船装载抓斗式采泥器采集海域的表层（0~20 cm）沉积物，当天海况良好，把泥样编上号后放入洁净聚乙烯袋中，密封袋口，写上点位，带回实验室冷藏。在采样过程中，有 4 个站位海底是岩石没有采集到泥土，所以最终只有 21 份样品。

图 7-3　实际采样站位分布

表 7-1　采样站位坐标

序号	纬度（N）	经度（E）
1	34°44′32.5″	119°27′16.4″
2	34°44′26.4″	119°27′00.1″
3	34°45′17.7″	119°26′27.6″
4	34°45′13.6″	119°26′27.7″
5	34°45′17.2″	119°26′08.8″
7	34°44′32.7″	119°28′09.9″
8	34°44′32.5″	119°27′54.2″
9	34°44′17.2″	119°29′07.4″
10	34°44′53.3″	119°29′09.5″
12	34°45′55.7″	119°29′34.0″
13	34°46′41.6″	119°30′29.7″
15	34°46′19.7″	119°29′51.4″
17	34°46′27.6″	119°27′36.4″
19	34°47′13.8″	119°26′35.1″
20	34°46′18.0″	119°26′17.9″
21	34°46′15.9″	119°25′22.6″
22	34°46′08.4″	119°25′09.1″
23	34°46′59.9″	119°26′17.8″
24	34°45′34.2″	119°30′23.6″
25	34°44′29.6″	119°29′26.0″
26	34°44′36.5″	119°29′32.5″

7.4.3 东西连岛海域表层沉积物样本重金属元素测定

在实验室将所采集的 21 份泥样放置在干净实验台上，自然晾晒干，剔除砂石、贝壳及木屑等，用玛瑙研体将自然风干的沉积物碾磨，过 100 目尼龙筛子，筛下约 20 g 泥样，装于密封袋中置于干燥处保存以备分析之用。

7.4.3.1 沉积物含水率计算

$$（湿土质量 - 干土质量）／干土质量 = 含水率 \qquad (7-1)$$

选取 3 个样品称重，按照公式 7-1 计算含水率，取其均值代表此沉积物的含水率。

表 7-2 沉积物含水率计算结果

沉积物	湿土质量（g）	干土质量（g）	含水率
1	100.81	50.26	101%
2	101.04	52.99	91%
3	97.92	48.22	103%
沉积物含水率		98%	

7.4.3.2 样品处理与测试

所采集的样品在阴凉通风处风干，剔除砾石、贝壳及木屑等，用玛瑙研钵将自然风干的沉积物研磨，过 100 目筛子，装袋以备分析之用。采用原子荧光法测定 As 和 Hg 含量，无火焰原子吸收分光光度法测定 Cu、Pb 和 Cr 含量，火焰原子吸收分光光度法测定 Cd 和 Zn 含量。按《海洋监测规范》（GB17378.4—1998）要求进行采样预处理，样品分析采取平行样、盲样、加标回收率等质量控制手段，并对数据按规范要求进行统计分析，保证其准确可靠。

7.4.3.3 重金属元素测定数据

通过实验得出的海州湾东西连岛海域沉积物中的重金属含量如表 7-3 所示。

表 7-3 沉积物中的重金属含量

站位	Cu（mg/kg）	Pb（mg/kg）	As（mg/kg）	Cd（mg/kg）	Hg（mg/kg）
1	29.52	22.51	18.72	0.21	0.051
2	37.54	23.57	19.23	0.26	0.064
3	23.45	25.43	13.45	0.2	0.045
4	24.61	27.54	14.71	0.23	0.052
5	32.33	21.52	12.52	0.19	0.048

站位	Cu（mg/kg）	Pb（mg/kg）	As（mg/kg）	Cd（mg/kg）	Hg（mg/kg）
6	34.74	23.15	14.5	0.22	0.075
7	28.43	27.27	15.02	0.23	0.081
8	25.12	24.73	14.67	0.21	0.068
9	22.34	19.38	12.36	0.18	0.037
10	23.57	18.57	11.84	0.17	0.028
11	25.21	16.72	11.56	0.12	0.021
12	19.36	16.51	10.52	0.11	0.018
13	16.94	14.63	9.23	0.1	0.016
14	20.17	19.47	10.81	0.13	0.02
15	18	15.78	9.76	0.09	0.019
16	21.42	20.54	12.19	0.11	0.028
17	16.74	17.32	10.92	0.08	0.017
18	33.53	21.26	18.36	0.13	0.053
19	19.59	18.5	12.34	0.09	0.035
20	32.1	22.24	12.63	0.15	0.075
21	27.52	19.85	14.8	0.16	0.058

7.5　东西连岛海域表层沉积物重金属污染评价方法

7.5.1　海域沉积物评价方法

海域沉积物重金属污染评价的方法非常多，主要有单因子指数法、地累积指数评价法、尼梅罗综合指数法、潜在生态风险指数法、生态风险预警指数法等。

7.5.1.1　单因子指数法

沉积物评价可采用单因子污染指数法进行评价，污染程度随实测浓度增大而加重。公式为：

$$P_i = C_i / X_i \qquad (7-2)$$

式中，P_i 为某污染因子的污染指数，即单因子污染指数；C_i 为某污染因子的实测浓度；X_i 为某污染因子的评价标准。单因子指数值≤1 者，为该监测站位没有被这种因子污染；单因子指数值>1 者，为该监测站位受到污染，且该值越大，污染情况越重。

7.5.1.2 地累积指数评价法

地累积指数的计算公式为：

$$I_{geo} = \log_2 [C_n/(k \times B_n)] \qquad (7-3)$$

式中，I_{geo} 为地累积污染指数；C_n 为重金属元素 n 的金属实测浓度（mg/kg）；B_n 为沉积岩中重金属元素 n 的地球化学背景值（mg/kg）；考虑到成岩作用可能会引起的背景值的变动，设定常数 k 为 1.5。

表 7-4　地累积指数与污染程度

I_{geo}	分级	污染程度
≤0	0	无
0~1	1	无—中
1~2	2	中
2~3	3	中—强
3~4	4	强
4~5	5	强—极强
≥5	6	极强

7.5.1.3 尼梅罗综合指数法

美国叙拉古大学尼梅罗教授提出了一种兼顾极值的评价方法——尼梅罗综合指数法，是现今国内外进行综合污染指数评价经常使用的多因子综合评价方法。其计算公式如下：

$$P = \sqrt{\frac{(P_{imax})^2 + (P_{iavr})^2}{2}} \qquad (7-4)$$

式中，P 为尼梅罗污染综合指数；P_{imax} 为沉积物中各污染因子污染指数的最大值；P_{iavr} 为沉积物中各污染因子污染指数的平均值。

表 7-5　尼梅罗指数与污染程度

尼梅罗综合污染指数	污染等级	污染程度
$P<1$	Ⅰ	无污染
$1≤P<2.5$	Ⅱ	轻污染
$2.5≤P<7$	Ⅲ	中污染
$P≥7$	Ⅳ	重污染

7.5.1.4 潜在生态风险指数法

潜在生态风险指数评价法由瑞典科学家 Hakanson 提出，可定量地反映单种及多种污染物造成的污染程度和潜在生态风险程度。采用潜在生态风险指数法对沉积物重金属的生态风险进行评价，不仅可以看出特定环境中的每种重金属污染物的影响，还能反映该环境中多种重金属污染物的综合影响，并可定量地区分了潜在生态危害的程度。

单种重金属的潜在生态风险指数：

$$E_r^i = T_r^i C_f^i = T_r^i \times C^i / C_n^i \qquad (7-5)$$

式中，T_r^i 为第 i 种重金属的毒性系数，体现重金属元素的毒性水平及生物对重金属污染的敏感程度；C_f^i 为第 i 种重金属的污染指数；C^i 为重金属元素 i 的实际测量含量，mg/kg；C_n^i 为第 i 种重金属元素 i 的背景参考值。

多种重金属潜在生态风险指数的计算公式：

$$RI = \sum_{i=1}^{n} E_r^i \qquad (7-6)$$

表 7-6　重金属潜在生态风险指数分级

E_r^i	危害程度分级	RI	危害程度分级
$E_r^i < 40$	低	$RI > 150$	低
$40 \leqslant E_r^i < 80$	中	$150 \leqslant RI < 300$	中
$80 \leqslant E_r^i < 160$	较高	$300 \leqslant RI < 600$	较高
$160 \leqslant E_r^i < 320$	高	$RI \geqslant 600$	高
$E_r^i \geqslant 320$	很高		

7.5.1.5　生态风险预警指数法

采用 Rapant 等提出的生态风险预警指数（I_{ER}）法进行评估，以沉积物中重金属含量（背景值）作为计算依据：

$$I_{ER} = \sum_{i=1}^{n} I_{ERi} = \sum_{i=1}^{n} \left(\frac{C_{Ai}}{C_{Ri}} - 1 \right) \qquad (7-7)$$

式中，I_{ERi} 表示超过临界限量的第 i 种重金属生态风险预警指数；C_{Ai} 为第 i 种重金属的实测浓度；C_{Ri} 为第 i 种重金属的背景参考值；I_{ER} 表示各站点沉积物的重金属生态风险预警指数。

表 7-7　重金属生态风险预警指数分级

风险分级	风险状态
$I_{ER} \leqslant 0$	无警级
$0 < I_{ER} \leqslant 1.0$	低警级
$1.0 < I_{ER} \leqslant 3.0$	中警级
$3.0 < I_{ER} \leqslant 5.0$	高警级
$I_{ER} > 5.0$	极高警级

7.5.2 东西连岛海域表层沉积物重金属污染评价

以上评价方法中的背景参照值和毒性系数参照表7-8。

表7-8 沉积物重金属背景参照值 C_n^i 和毒性系数 T_r^i

重金属	背景参照值 C_n^i（mg/kg）	毒性系数 T_r^i
Cu	25.8	5
Pb	33.9	5
As	10	10
Cd	0.24	30
Hg	0.04	40

7.5.2.1 重金属含量分布特征

21个站位表层沉积物中重金属含量及分析测定统计数据详见表7-3和表7-9。

从表中可以得知，连岛海域表层沉积物中重金属 Cu 含量的变化范围是16.74～37.54 mg/kg，其中最高值位于2号站位，最低值位于22号站位，其平均值为25.14 mg/kg；重金属铅 Pb 含量的变化范围是14.63～27.54 mg/kg，平均值为20.7 mg/kg，其中最高值位于7号站位，最低值位于13号站位；As 含量的变化范围是9.23～19.23 mg/kg，其中最高值位于2号站位，最低值位于17号站位，其平均值为13.07 mg/kg；重金属 Cd 含量的变化范围是0.08～0.26 mg/kg，其中最高值位于2号站位，最低值位于22号站位，其平均值为0.16 mg/kg；Hg 含量实测变化范围是0.016～0.081 mg/kg，其中最高值位于8号站位，最低值位于17号站位，平均值为0.043 mg/kg。

Cu 的含量在东西连岛港口附近较高，连岛以北海域相对较低；Pb 在近岸港池附近较高，其余海域相对较低；As 在港口附近较高，其他海域较低；Cd 在近岸港池和西大堤附近较高，其他海域相对较低；Hg 在港口区域较高，其余海域相对较低，它的变异系数较大，主要与人为排污和自身扰动有关。

柱状图7-4显示了4月21个站位表层沉积物重金属含量的分布情况，Cu、Pb、As、Cd 和 Hg 这5种重金属质量分数最高值都在港口海域，人类活动在港口海域的影响较大，沉积物重金属含量高。同时，这5种重金属在连岛以北海域有依次降低的特点，说明沉积物的重金属含量分布受扩散作用由近海向远海有降低趋势。

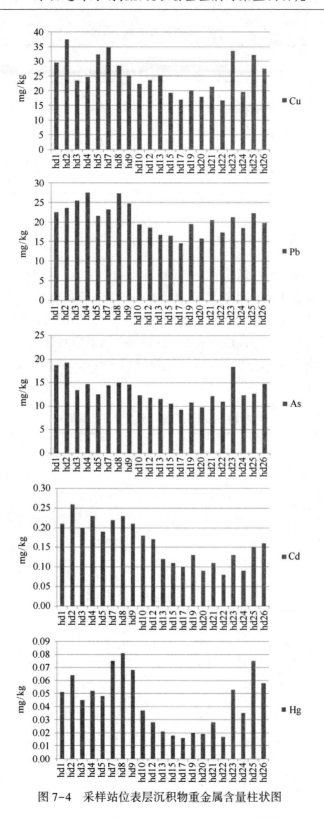

图7-4 采样站位表层沉积物重金属含量柱状图

表7-9 沉积物重金属含量统计

元素	平均值 （mg/kg）	最小值 （mg/kg）	最大值 （mg/kg）	中值 （mg/kg）	标准差 （mg/kg）	变异系数
Cu	25.14	16.74	37.54	24.09	6.07	0.241%
Pb	20.7	14.63	27.54	20.195	3.64	0.176%
As	13.07	9.23	19.23	12.44	2.53	0.194%
Cd	0.16	0.08	0.26	0.16	0.053	0.331%
Hg	0.043	0.016	0.081	0.041	0.021	0.488%

7.5.2.2 单因子指数法

以国家海洋沉积物一类质量标准为评价标准（表7-10），对表7-3中沉积物重金属含量进行评价，结果如表7-11。结果显示21个站位5种重金属监测数据除了2号站位的Cu元素单因子污染指数大于1，其他数据全都小于1，符合国家海洋沉积物一类质量标准，表明海域沉积物质量状况良好，该海域除了港口部分区域出现轻微Cu污染外均未受到重金属的污染。从污染程度来分析，连岛周边海域的主要污染物是Cu，其次是As、Pb、Cd和Hg含量相对较低。

表7-10 国家海洋沉积物重金属质量标准

重金属	一类质量标准
Cu	≤35
Pb	≤60
As	≤20
Cd	≤0.50
Hg	≤0.20

表7-11 沉积物重金属单因子污染指数

站位	Cu	Pb	As	Cd	Hg
hd1	0.84	0.38	0.94	0.42	0.26
hd2	1.07	0.39	0.96	0.52	0.32
hd3	0.67	0.42	0.67	0.40	0.23
hd4	0.70	0.46	0.74	0.46	0.26
hd5	0.92	0.36	0.63	0.38	0.24
hd7	0.99	0.39	0.73	0.44	0.38
hd8	0.81	0.45	0.75	0.46	0.41
hd9	0.72	0.41	0.73	0.42	0.34

续表

站位	Cu	Pb	As	Cd	Hg
hd10	0.64	0.32	0.62	0.36	0.19
hd12	0.67	0.31	0.59	0.34	0.14
hd13	0.72	0.28	0.58	0.24	0.11
hd15	0.55	0.28	0.53	0.22	0.09
hd17	0.48	0.24	0.46	0.20	0.08
hd19	0.58	0.32	0.54	0.26	0.10
hd20	0.51	0.26	0.49	0.18	0.10
hd21	0.61	0.34	0.61	0.22	0.14
hd22	0.48	0.29	0.55	0.16	0.09
hd23	0.96	0.35	0.92	0.26	0.27
hd24	0.56	0.31	0.62	0.18	0.18
hd25	0.92	0.37	0.63	0.30	0.38
hd26	0.79	0.33	0.74	0.32	0.29

7.5.2.3 地累积指数评价法

地累积指数法全面地考虑了人为活动对环境的影响，以及由于自然成岩作用应该引起的背景值变动的因素，但没有考虑各种重金属毒性效应对环境的影响。在短期内海底沉积物是一种稳定的介质，其含量相对稳定，将表7-3数据代入式（7-2）计算出各重金属元素的地累积指数及分级，如表7-12和表7-13所示。

表7-12 沉积物重金属地累积指数

站位	Cu	Pb	As	Cd	Hg
hd1	−0.39	−1.18	0.32	−0.78	−0.23
hd2	−0.04	−1.11	0.36	−0.47	0.09
hd3	−0.72	−1.00	−0.16	−0.85	−0.42
hd4	−0.65	−0.88	−0.03	−0.65	−0.21
hd5	−0.26	−1.24	−0.26	−0.92	−0.32
hd7	−0.16	−1.14	−0.05	−0.71	0.32
hd8	−0.44	−0.90	0.00	−0.65	0.43
hd9	−0.62	−1.04	−0.03	−0.78	0.18
hd10	−0.79	−1.39	−0.28	−1.00	−0.70
hd12	−0.72	−1.45	−0.34	−1.08	−1.10
hd13	−0.62	−1.60	−0.38	−1.58	−1.51
hd15	−1.00	−1.62	−0.51	−1.71	−1.74

续表

站位	Cu	Pb	As	Cd	Hg
hd17	−1.19	−1.80	−0.70	−1.85	−1.91
hd19	−0.94	−1.38	−0.47	−1.47	−1.58
hd20	−1.10	−1.69	−0.62	−2.00	−1.66
hd21	−0.85	−1.31	−0.30	−1.71	−1.10
hd22	−1.21	−1.55	−0.46	−2.17	−1.82
hd23	−0.21	−1.26	0.29	−1.47	−0.18
hd24	−0.98	−1.46	−0.28	−2.00	−0.78
hd25	−0.27	−1.19	−0.25	−1.26	0.32
hd26	−0.49	−1.36	−0.02	−1.17	−0.05

表 7-13　沉积物重金属地累积指数评价结果

I_{geo}	Cu	Pb	As	Cd	Hg
最小值	−1.21	−1.80	−0.70	−2.17	−1.91
最大值	−0.04	−0.88	0.36	−0.47	0.43
平均值	−0.66	−1.32	−0.22	−1.27	−0.69
污染分级	0	0	0/1	0	0/1

从表 7-13 来看，连云港海域沉积物重金属 Cu、Pb、As、Cd 的地累积指数分级为 0 级别，污染程度为无污染。Hg 和 As 元素在个别区域是 1 级，污染程度为无—中污染级别，其他海域也是无污染。从污染程度来看，As 污染程度最重，Pb 受污染程度最轻，污染程度从大到小是 As>Cu>Hg>Cd>Pb。地累积指数法不仅考虑了自然的地质过程造成背景值变动的影响因素，与单因子指数法相比还考虑了人类活动的影响，所以两者的结果稍有区别。

7.5.2.4　尼梅罗综合指数法

将表 7-3 数据代入式（7-3）运用尼梅罗综合指数法对连岛海域沉积物中的 Cu、Pb、As、Cd 和 Hg 这 5 种重金属元素进行评价。评价结果表明 21 个站点的 P 值都在小于 1 的范围内，表现为无污染区域。

表 7-14　沉积物重金属尼梅罗指数评价结果

特征值	单因子污染指数					尼梅罗综合指数
	Cu	Pb	As	Cd	Hg	
最大值	1.07	0.46	0.96	0.52	0.41	0.89
最小值	0.48	0.24	0.46	0.16	0.08	0.40
平均值	0.72	0.35	0.67	0.32	0.22	0.61

7.5.2.5 潜在生态风险指数法

将表7-3数据代入式（7-4），经计算得出各站位沉积物重金属潜在生态风险指数，列于表7-15。

表7-15 沉积物重金属潜在生态风险指数

站位	E_r^i						风险程度
	Cu	Pb	As	Cd	Hg	RI	
hd1	4.2	1.9	9.4	12.6	10.4	38.5	低潜在生态风险
hd2	5.35	1.95	9.6	15.6	12.8	45.3	低潜在生态风险
hd3	3.35	2.1	6.7	12	9.2	33.35	低潜在生态风险
hd4	3.5	2.3	7.4	13.8	10.4	37.4	低潜在生态风险
hd5	4.6	1.8	6.3	11.4	9.6	33.7	低潜在生态风险
hd7	4.95	1.95	7.3	13.2	15.2	42.6	低潜在生态风险
hd8	4.05	2.25	7.5	13.8	16.4	44	低潜在生态风险
hd9	3.6	2.05	7.3	12.6	13.6	39.15	低潜在生态风险
hd10	3.2	1.6	6.2	10.8	7.6	29.4	低潜在生态风险
hd12	3.35	1.55	5.9	10.2	5.6	26.6	低潜在生态风险
hd13	3.6	1.4	5.8	7.2	4.4	22.4	低潜在生态风险
hd15	2.75	1.4	5.3	6.6	3.6	19.65	低潜在生态风险
hd17	2.4	1.2	4.6	6	3.2	17.4	低潜在生态风险
hd19	2.9	1.6	5.4	7.8	4	21.7	低潜在生态风险
hd20	2.55	1.3	4.9	5.4	4	18.15	低潜在生态风险
hd21	3.05	1.7	6.1	6.6	5.6	23.05	低潜在生态风险
hd22	2.4	1.45	5.5	4.8	3.6	17.75	低潜在生态风险
hd23	4.8	1.75	9.2	7.8	10.8	34.35	低潜在生态风险
hd24	2.8	1.55	6.2	5.4	7.2	23.15	低潜在生态风险
hd25	4.6	1.85	6.3	9	15.2	36.95	低潜在生态风险
hd26	3.95	1.65	7.4	9.6	11.6	34.2	低潜在生态风险
平均值	3.62	1.73	6.68	9.63	8.76	30.61	
最大值	5.35	2.30	9.60	15.60	16.40	49.25	
最小值	2.40	1.20	4.60	4.80	3.20	16.20	

从计算结果来分析，21个站位表层沉积物中重金属的潜在生态风险指数全部小于40，表明东西连岛海域表层沉积物重金属对海洋生态系统的潜在危害风险较低。沉积物重金属对该海域生态潜在危害的影响程度从大到小依次为Cd>Hg>As>Cu>Pb。对该海域生态潜在危害影响相对较大的是Cd、Hg和As，对于这3种重金属要引起高度重视，而Cu和Pb的潜在生态危害较小。总的来说，东西连岛海域所有站位沉积物重金属潜在生态风险指数均RI小于150，表现为轻微生态危害。生态风险指数法考虑了重金属元素的毒性系数，评价

结果偏向重金属元素潜在的风险特点。

7.5.2.6 生态风险预警指数法

根据沉积物重金属生态风险预警评估方法和分级标准对研究海域表层沉积物中重金属进行了生态风险预警评估,评估结果见表 7-16。所有站点的生态风险预警指数都小于 0,东西连岛海域处于无预警级别。

表 7-16　沉积物重金属生态风险预警指数

站位	I_{ER}	站位	I_{ER}
hd1	−2.16	hd15	−3.33
hd2	−1.74	hd17	−3.54
hd3	−2.61	hd19	−3.2
hd4	−2.38	hd20	−3.46
hd5	−2.47	hd21	−3.08
hd7	−2.07	hd22	−3.43
hd8	−2.12	hd23	−2.24
hd9	−2.38	hd24	−3.15
hd10	−2.87	hd25	−2.4
hd12	−2.95	hd26	−2.53
hd13	−3.07		

7.6　东西连岛表层沉积物重金属污染空间分布特征分析

7.6.1　克里金插值法简介

克里金(Kriging)插值法又叫做空间自协方差最佳插值法,它的名字是用南非矿业工程师 D. G. Krige 的名字命名的。克里金法是一种最优内插法,在地下水模拟、土壤制图等领域使用较多,是非常有用的地质统计格网化方法。克里金方法依赖于数学模型和统计模型。通过添加包含概率的统计模型,可将克里金方法从空间插值的确定性方法中分离出来。通过克里金法将某种概率与预测值相连,也就是说这些值不能完全基于统计模型进行预测,即使样本很大也无法预测某个未测量位置处的准确数值,同时还要评估预测的误差。

它首先考虑的是空间属性在空间位置上的变异分布,确定对一个待插点值有影响的距离范围,然后用此范围内的采样点来估计待插点的属性值。该方法在数学上可对所研究的对象提供一种最佳线性无偏估计的方法。它是考虑了信息样品的形状、大小及与待估计块段相互间的空间位置等几何特征以及品位的空间结构之后，为达到线性、无偏和最小估计方差的估计，而对每一个样品赋予一定的系数，最后进行加权平均来估计块段品位的方法。但它仍是一种光滑的内插方法，在数据点多时，其内插的结果可信度较高，本研究采用克里金插值法作沉积物污染的空间分布特征分析。

7.6.2   东西连岛表层沉积物重金属污染空间分布特征分析

采用 ArcGIS10.1.3 软件对数据进行编辑，首先加载数据形成图层，之后把背景图加载进去进行校正，然后通过软件上的 ArcToolbox 工具箱中的普通克里金法进行插值，得到东西连岛表层沉积物重金属含量的空间分布格局，如图 7-5~图 7-9 所示。

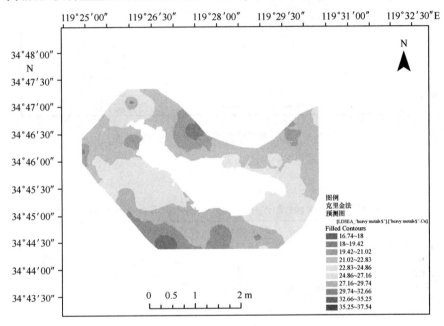

图 7-5   连岛海域重金属 Cu 含量的空间分布

从图中可以看出：重金属 Cu 的含量变化范围在 16.74~37.54 mg/kg，最大值在港口区域，最小值在连岛以北海域，以连岛为中心含量依次降低，在小西山附近也有一个高值区域；重金属 As 的含量变化范围在 9.23~19.23 mg/kg，最大值在连岛西南港口海域和小西山附近海域，由南向北递减；重金属 Pb 的含量变化范围在 14.63~27.54 mg/kg，最大值在港口海域，最小值在连岛以北海域，从南向北含量逐渐降低；重金属 Cd 的含量变化范围在 0.08~0.26 mg/kg，最大值在连岛西南港口海域，最小值在西连岛小西山附近海域，含量从港口海域向西北和西南方向递减；重金属 Hg 的含量变化范围在 0.016~0.081 mg/kg，最大值在港口海域，最低值在连岛以北海域，在小西山附近海域有一个中等含量的中心。

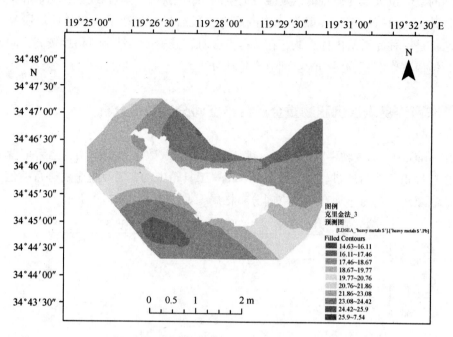

图 7-6　连岛海域重金属 Pb 含量的空间分布

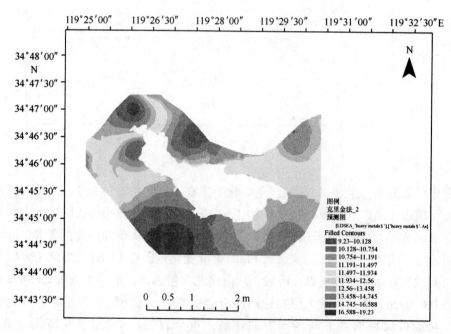

图 7-7　连岛海域重金属 As 含量的空间分布

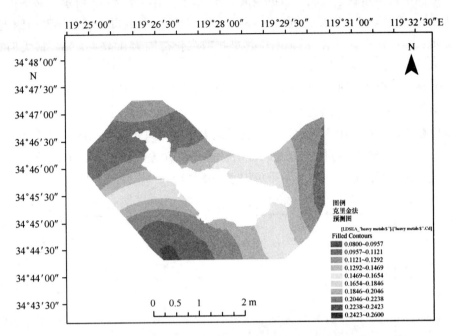

图 7-8　连岛海域重金属 Cd 含量的空间分布

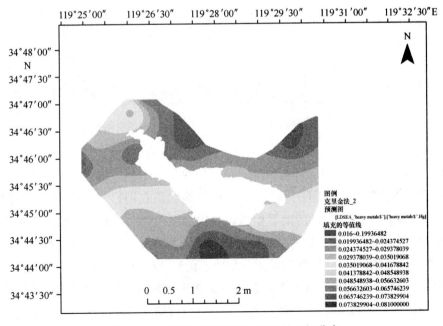

图 7-9　连岛海域重金属 Hg 含量的空间分布

基于单因子污染指数重金属含量的空间分布如图7-10~图7-14所示。从图中可以看出：Cu的单因子污染指数变化范围在0.48~1.07，最大值在港口区域和小西山附近海域，从南向北指数减小；重金属As的单因子污染指数变化范围为0.46~0.96，最大值在连岛西南港口海域和小西山附近海域，由南向北递减；重金属Pb的单因子污染指数变化范围在0.24~0.46，最大值在港口海域，最小值在连岛以北海域，从南向北单因子污染指数逐渐降低；重金属Cd的单因子污染指数变化范围在0.016~0.52，最大值在连岛西南港口海域，最小值在西连岛小西山附近海域，其含量从港口海域向西北和西南方向递减；重金属Hg的单因子污染指数变化范围在0.08~0.41，最大值在连岛正南港口海域，最小值在连岛以北海域，在小西山附近海域有一个单因子污染指数较高的中心。

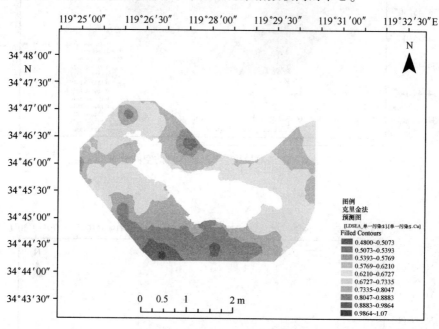

图7-10　基于单因子污染指数重金属Cu含量的空间分布

基于地累积指数重金属Hg含量的空间分布如图7-15~图7-19所示。从图中可以看出：Cu的地累积指数变化范围在-1.21~-0.04，最大值在港口区域和小西山附近海域，从南向北指数减小；重金属As的地累积指数变化范围在-0.7~0.36，最大值在连岛西南港口海域和小西山附近海域，这两片海域地累积污染系数大于0，存在轻微的As污染，污染指数由南向北递减；重金属Pb的地累积指数变化范围在-1.8~-0.88，最大值在港口海域，最小值在连岛以北海域，从西南向东北地累积指数逐渐降低；重金属Cd的地累积指数变化范围为-2.47~-0.47，最大值在连岛西南港口海域，最小值在西连岛小西山附近海域，地累积指数从港口海域向西北和西南方向递减；重金属Hg的地累积指数变化范围在-1.91~0.43，最大值在连岛正南港口海域，地累积污染系数大于0存在轻微的Hg污染，最低值在连岛以北海域，在小西山附近海域有一个地累积指数较高的中心。

146

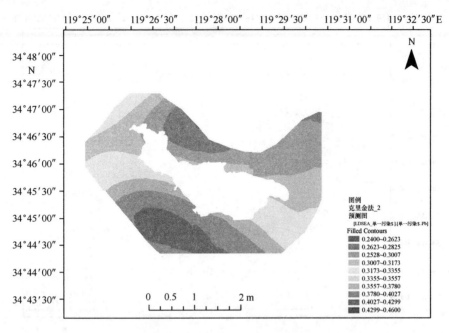

图7-11 基于单因子污染指数重金属 Pb 含量的空间分布

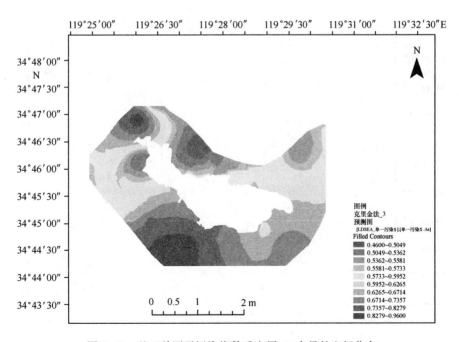

图7-12 基于单因子污染指数重金属 As 含量的空间分布

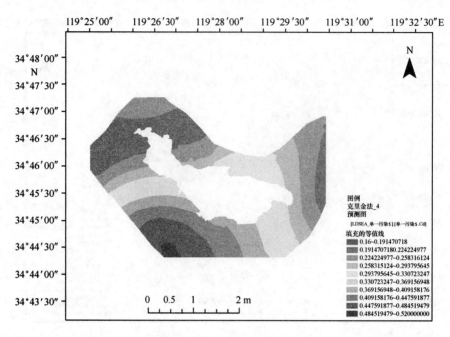

图 7-13　基于单因子污染指数重金属 Cd 含量的空间分布

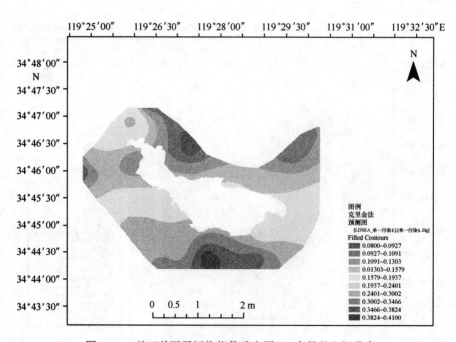

图 7-14　基于单因子污染指数重金属 Hg 含量的空间分布

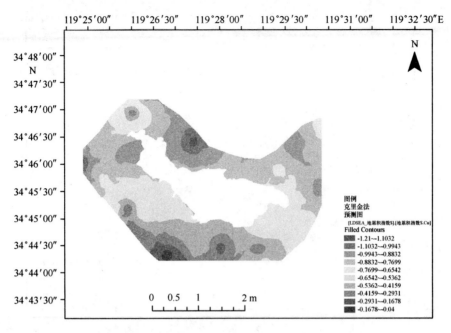

图 7-15 基于地累积指数重金属 Cu 含量的空间分布

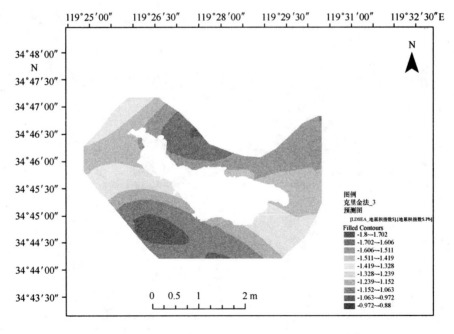

图 7-16 基于地累积指数重金属 Pb 含量的空间分布

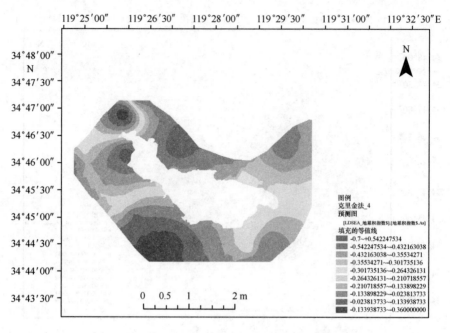

图 7-17　基于地累积指数重金属 As 含量的空间分布

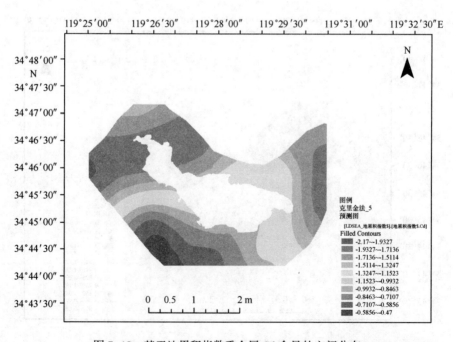

图 7-18　基于地累积指数重金属 Cd 含量的空间分布

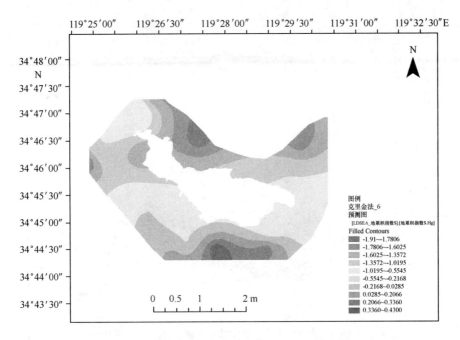

图7-19　基于地累积指数重金属 Hg 含量的空间分布

　　基于潜在生态风险指数重金属含量的空间分布如图7-20~图7-24所示。从图中可以看出：Cu 的潜在生态风险指数变化范围在2.4~5.35，最大值在港口区域和小西山附近海域，从南向北指数减小，在连岛以西海域先减小再增大；重金属 As 的潜在生态风险指数变化范围在4.6~9.6，最大值在连岛西南港口海域和小西山附近海域，潜在生态风险指数由南向北递减，在连岛以西海域先减小再增大；重金属 Pb 的潜在生态风险指数变化范围在1.2~2.3，最大值在港口海域，最小值在连岛以北海域，从西南向东北潜在生态风险指数逐渐降低；重金属 Cd 的潜在生态风险指数变化范围在4.8~15.6，最大值在连岛西南港口海域，最小值在西连岛小西山附近海域，潜在生态风险指数从港口海域向西北和西南方向递减；重金属 Hg 的潜在生态风险指数变化范围在3.2~16.4，最大值在连岛正南港口海域，最低值在连岛以北海域，在小西山附近海域有一个潜在生态风险指数较高的中心。

　　基于生态风险预警指数重金属含量的空间分布如图7-25所示。从图中可以看出：生态风险预警指数的范围在-3.54~-1.74，最大值在连岛西南港口海域，最小值在连岛以北海域，从南向北生态风险预警指数逐渐降低，在连岛以西海域从南向北，先降低再升高，于小西山附近海域形成一个较高值中心。

　　基于潜在生态风险指数重金属含量的空间分布如图7-26所示。从图中可以看出：潜在生态风险指数的范围在17.4~45.3，最大值在连岛正南港口海域，最小值在连岛以北海域，从南向北生态风险预警指数逐渐降低，在连岛以西海域从南向北，先降低再升高。

　　基于尼梅罗综合指数重金属含量的空间分布如图7-27所示。从图中可以看出：尼梅罗综合指数的范围在0.40~0.89，最大值在连岛西南港口海域，最小值在连岛大沙湾和苏

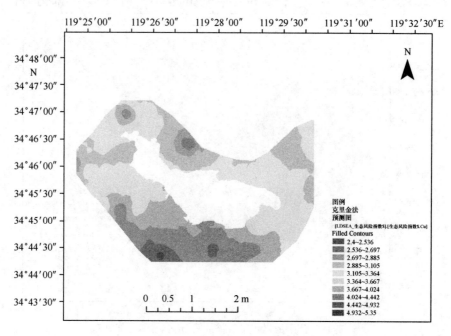

图 7-20　基于潜在生态风险指数重金属 Cu 含量的空间分布

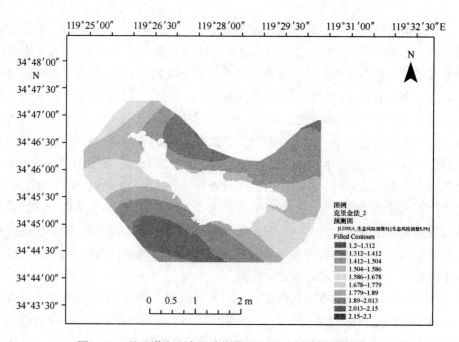

图 7-21　基于潜在生态风险指数重金属 Pb 含量的空间分布

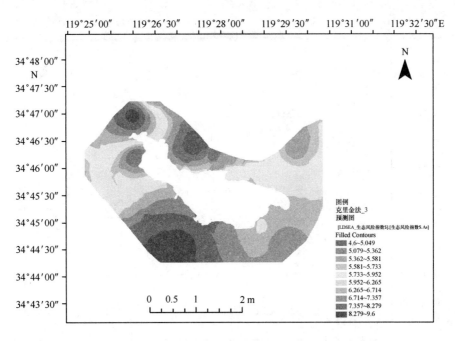

图7-22　基于潜在生态风险指数重金属 As 含量的空间分布

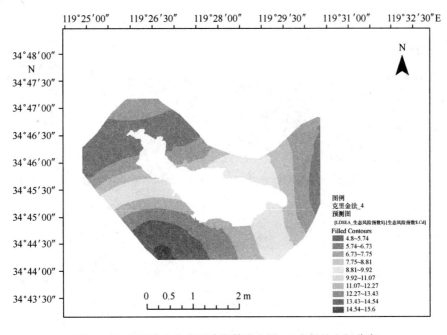

图7-23　基于潜在生态风险指数重金属 Cd 含量的空间分布

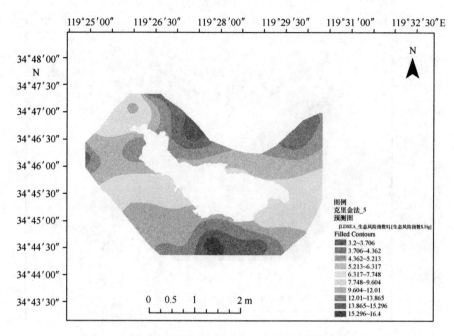

图 7-24　基于潜在生态风险指数重金属 Hg 含量的空间分布

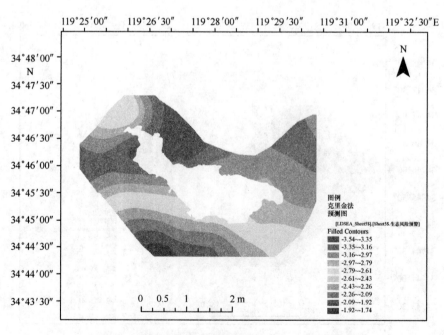

图 7-25　基于生态风险预警指数重金属含量的空间分布

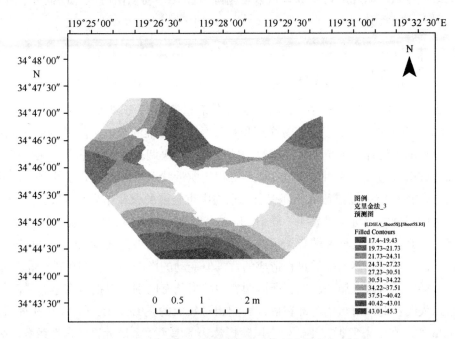

图7-26 基于潜在生态风险指数重金属含量的空间分布

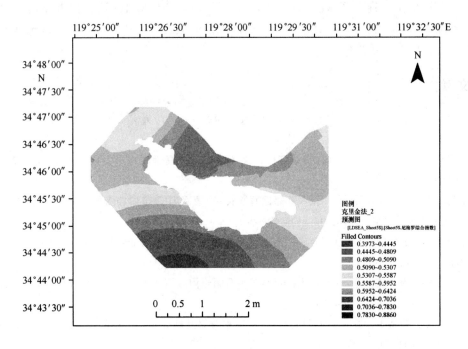

图7-27 基于尼梅罗综合指数重金属含量的空间分布

马湾以北海域，从南向北尼梅罗综合指数逐渐降低，在连岛以西海域从南向北，先降低，在小西山附近海域再升高。

7.7 本章小结

（1）2016 年 4 月的调查结果表明：连云港市东西连岛海域表层沉积物中 Cu、As、Pb、Cd 和 Hg 的含量全部低于国家海洋沉积物一级质量标准的限值。使用国家海洋沉积物一类质量标准的限值计算了单项污染指数。结果表明本次调查中所测重金属元素都没有给东西连岛海域造成污染，说明东西连岛海域沉积物质量状况良好，该海域没有受到污染。

（2）在本次研究中以南黄海北部表层沉积物中重金属的含量作为背景值，根据地累积指数评价法所得到的评价结果表明：除 Hg 和 As 元素在个别区域是 1 级，污染程度为无-中污染级别，其他元素在该海域都无污染。污染程度从大到小是 As>Cu>Hg>Cd>Pb。地累积指数法不仅考虑了自然的地质过程造成的背景值变动的影响因素，与单因子指数法相比还考虑了人类活动对重金属的影响，所以两者的结果稍有区别。根据潜在生态风险指数法得到的数据表明：对该海域生态潜在危害影响相对较大的是 Cd、Hg 和 As 这 3 种重金属，而 Cu 和 Pb 的潜在生态危害较小。生态风险指数法考虑了重金属元素的毒性系数，故而结果偏向重金属元素潜在的风险特点与其他方法结论有所不同。使用尼梅罗综合指数法和生态风险预警指数法这两种综合评价方法的评价结果都表明东西连岛海域属于无污染区域。

（3）在空间上，连岛海域沉积物中的 Cu、As、Pb、Cd 和 Hg 这 5 种重金属元素含量在港口海域最高，除 Pb 和 Cd 外，在小西山周围的海域较高，连岛以北的海域污染程度较低，由近海向远海依次降低。

参考文献：

陈敬安，万国江，黄荣贵. 洱海沉积物重金属地球化学相及其污染历史研究 [J]. 地质地球化学，1998，26（2）：1-8.

陈明，蔡青云，徐慧，等. 水体沉积物重金属污染风险评价研究进展 [J]. 生态环境学报，2015，24（6）：1 069-1 074.

丰卫华，陈立红，宋伟华，等. 象山港及其邻近海域表层沉积物中重金属的水平分布特征及其污染评价 [J]. 中国海洋大学学报，2016，46（4）：71-78.

贺心然，陈斌林，殷伟庆，等. 连云港近岸海域沉积物中重金属垂直分布特征研究 [J]. 淮海工学院学报，2008，17（1）：45-48.

胡益峰，刘蒙蒙，李璐璐，等. 绿华海上散货减载平台附近海域沉积物重金属风险评估 [J]. 上海海洋大学学报，2015，24（2）：249-255.

江洪友，刘宪斌，张秋丰，等. 天津近岸海域沉积物重金属及砷分布与生态风险分析 [J]. 海洋科学，2013，37（9）：82-89.

李飞，徐敏. 海州湾表层沉积物重金属的来源特征及风险评价 [J]. 环境科学，2014，25（3）：1 035-1 040.

李清，闫启仑，李洪波，等. 大连湾和大窑湾表层沉积物病毒分布特点 [J]. 海洋环境科学，2016，35

（2）：184-189.

李欣阳，张永丰，范子初，等. 北戴河及相邻海域沉积物重金属潜在生态危害评价 [J]. 环境科学导刊，2014, 33（3）：62-66.

李玉，冯志华，李谷祺，等. 连云港近岸海域沉积物中重金属污染来源及生态评价 [J]. 海洋与湖沼，2010, 41（6）：829-833.

李玉，冯志华. 连云港对虾养殖区表层沉积物重金属污染评价 [J]. 海洋与湖沼，2013, 44（6）：1457-1461.

李玉，李谷祺. 临洪河口海域间隙水和沉积物中重金属分布研究 [J]. 海洋湖沼通报，2012, 4：141-145.

李玉，刘付程，吴建新. 连云港西大堤海域水环境污染特征分析 [J]. 海洋湖沼通报，2014, 38（11）：84-89.

李玉，俞志明，曹西华，等. 重金属在胶州湾表层沉积物中的分布与富集 [J]. 海洋与湖沼，2005, 36（6）：580-589.

林曼曼，张勇，薛春汀，等. 环渤海海域沉积物重金属分布特征及生态环境评价 [J]. 海洋地质与第四纪地质，2013, 33（6）：41-46.

刘佰琼，徐敏. 埒子口海域表层沉积物重金属空间分布特征及生态风险评价 [J]. 生态与农村环境学报，2014, 30（5）：581-587.

刘宏伟，杨君，杜东，等. 秦皇岛近岸海域沉积物重金属含量及污染评价 [J]. 水文地质工程地质，2015, 42（5）：155-158.

刘珊珊，张勇，毕世普，等. 青岛近海底质沉积物重金属元素分布特征及环境质量评价 [J]. 海洋环境科学，2015, 34（6）：891-897.

刘珊珊，张勇，龚淑云，等. 长江三角洲经济区海域沉积物重金属分布特征及环境质量评价 [J]. 海洋地质与第四纪地质，2013, 33（5）：63-70.

吕利云，董树刚，刘阳，等. 南黄海近岸海域表层沉积物重金属分布特征及污染评价 [J]. 海洋湖沼通报，2013,（4）：101-110.

密蓓蓓，蓝先洪，张志珣，等. 长江口外海域沉积物重金属分布特征及其环境质量评价 [J]. 海洋地质与第四纪地质，2013, 33（6）：47-54.

欧阳凯，闫玉茹，项立辉，等. 盐城北部潮间带表层沉积物重金属分布特征及污染评价 [J]. 海洋环境科学，2016, 35（2）：256-263.

唐博，龙江平，金路，等. 珠江口和北部湾附近海域沉积物重金属生态风险比较 [J]. 热带海洋学报，2015, 34（3）：75-81.

田海涛，胡希声，张少峰，等. 茅尾海表层沉积物中重金属污染及潜在生态风险评价 [J]. 海洋环境科学，2014, 2：187-191.

田慧娟，刘吉堂，吕海滨，等. 连云港南海域沉积物重金属分布及其潜在生态风险评价 [J]. 河北大学学报（自然科学版），2015, 35（3）：289-297.

田立柱，耿岩，裴艳东，等. 渤海湾西部表层沉积物粒度特征与沉积混合 [J]. 地质通报，2010, 29（5）：668-673.

吴景阳，李云飞，张汀君. 南黄海北部沉积物中重金属的分布及背景值. 环境中若干元素的自然背景值及其研究方法 [M]. 北京：科学出版社，1982, 142-148.

徐东浩，李军，赵京涛，等. 辽东湾表层沉积物粒度分布特征及其地质意质，2012，32（5）：35-42.

徐姗楠，李纯厚，徐娇娇，等. 大亚湾石化排污海域重金属污染及生态风险评级 [J]. 环境科学，2014，35（6）：2 075-2 084.

叶然，江再昌，郭清荣，等. 洋山深水港区海域秋、冬季沉积物中重金属来源分析及生态风险评价 [J]. 海洋通报，2015，34（1）：76-82.

郁滨赫，刘红磊，卢学强，等. 天津近岸表层沉积物重金属和放射性核素分布特征 [J]. 中国环境科学，2013，33（6）：1 053-1 059.

张慧，贺心然，姚远，等. 连云港近岸海域沉积物中重金属污染平面分布研究 [J]. 淮海工学院学报，2008，17（2）：55-58.

张瑞，张帆，刘付程，等. 海州湾潮滩重金属污染的历史记录 [J]. 环境科学，2013，34（3）：1 044-1 054.

张晓辉，黄根华，曾德相，等. 珠江口荷包岛近岸海域沉积物重金属分布及其潜在生态危害评价 [J]. 海洋学研究，2013，31（4）：49-55.

张晓举，于海洋，丁龙，等. 秦皇岛石河口海域沉积物重金属污染及生态风险评价 [J]. 中国环境监测，2014，30（1）：1-5.

赵峰，吴梅桂，周鹏，等. 黄茅海—广海湾及其邻近海域表层沉积物中 γ 放射性核素含量水平 [J]. 热带海洋学报，2015，34（4）：77-82.

Ahmed El Nemr, Ghada F El-Said, Azza Khaled, et al. Distribution and ecological risk assessment of some heavy metals in coastal surface sediments along the Red Sea, Egypt [J]. International Journal of Sediment Research, 2016：1-8.

Fangjian Xu, Longwei Qiu, Yingchang Cao, et al. Trace metals in the surface sediments of the intertidal Jiaozhou Bay, China：Sources and contamination assessment [J]. Marine Pollution Bulletin, 2016, 104：371-378.

Gang Hu, Shipu Bi, Gang Xu, et al. Distribution and assessment of heavy metals off the Changjiang River mouth and adjacent area during the past century and the relationship of the heavy metals with anthropogenic activity [J]. Marine Pollution Bulletin, 2015, 96：434-440.

GB 18668-2002 海洋沉积物质量 [S].

GB 17378. 5-2007 海洋监测规范 第5部分：沉积物分析 [S].

Guanghong Wu, Jingmin Shang, Ling Pan, et al. Heavy metals in surface sediments from nine estuaries along the coast of Bohai Bay, Northern China [J]. Marine Pollution Bulletin, 2014, 82：194-200.

Guogang Li, Bangqi Hu, Jianqiang, et al. Heavy metals distribution and contamination in surface sediments of the coastal Shandong Peninsula (Yellow Sea) [J]. Marine Pollution Bulletin, 2013, 76：420-426.

Hamed A. El-Serehy, Khaled A Al-Rasheid, Fahad A Al-Misned, et al. Microbial-meiofaunal interrelationships in coastal sediments of the Red Sea [J]. Saudi Journal of Biological Sciences, 2016, 23：327-334.

Jinfeng Zhang, Xuelu Gao. Heavy metals in surface sediments of the intertidal Laizhou Bay, Bohai Sea, China：Distributions, sources and contamination assessment [J]. Marine Pollution Bulletin, 2015, 98：320-327.

Kazem Darvish Bastami, Mahmoud Reza Neyestani, Farzaneh Shemirani, et al. Heavy metal pollution assessment in relation to sediment properties in the coastal sediments of the southern Caspian Sea [J]. Marine Pollution Bulletin, 2015, 92：237-243.

Mir Mohammad Ali, Mohammad Lokman Ali, Md Saiful Islam, et al. Preliminary assessment of heavy metals in water and sediment of Karnaphuli River, Bangladesh [J]. Environmental Nanotechnology, Monitoring & Management, 2016, 5: 27-35.

Shanshan Liu, Yong Zhang, Shipu Bi, et al. Heavy metals distribution and environmental quality assessment for sediments off the southern coast of the Shandong Peninsula, China [J]. Marine Pollution Bulletin, 2015, 100: 483-438.

Teresa Cerqueira, Diogo Pinho, Conceição Egas, et al. Microbial diversity in deep-sea sediments from the Menez Gwen hydrothermal vent system of the Mid-Atlantic Ridge [J]. Marine Genomics, 2015, 24: 343-355.

8　东西连岛海域水体光谱反射率监测研究

8.1　研究目的和意义

　　海洋生态系统受到全球性重大环境变化如海平面上升、全球变暖、海水酸化、外来物种入侵等影响而遭到不同程度的破坏。为维护海洋生态系统的健康可持续发展，必须及时了解海洋生态系统的现状，便于更好地保护和管理海洋生态。利用遥感技术开展海洋生态环境监测则是当前应用的主要技术。目前，常用的水色遥感卫星主要是中等分辨率成像光谱仪 MODIS（Moderate-Resolution Imaging Spectroradiometer）、宽视场水色扫描仪 SeaWiFS（Sea-Viewing Wide Field-of-View Sensor）、印度的海洋水色监测仪 OCM（Ocean Color Monitor）、日本的海洋水色水温传感器 OCTS（Ocean Color and Temperature Scanner）及其改进型的全球成像仪 GLI（Generation Global Imager）等。然而，水色卫星的应用经验表明，影响水色反演精度的因素有很多，其中主要原因是对海区的光谱特征不清楚，没有较好的反演算法，特别是近岸成分较为复杂的二类水体。因此，从测量方法、数据分析处理方法等方面开展水体光谱的测量显得尤为重要，以保证现场光谱测量的绝对精度优于5%。正是基于以上因素，本课题通过水下光谱仪现场测量测定二类水体剖面光谱，深入研究二类水体剖面光谱特点，为提高二类水体水色要素反演精度奠定基础。

8.2　国内外研究现状

　　海洋水色遥感卫星可以用于获取悬浮物质、黄色物质、叶绿素浓度、有机可溶物等要素。海水中这些要素的含量与海水的光谱特性有着密切的关系。遥感技术具有实时性、同步性、广泛性、连续性等特点，有利于海洋水色要素的观测研究。水色遥感卫星提供的数据资料水平范围大并且瞬时近乎同步，可为监测海洋水色要素的海域分布和动态变化提供很大的帮助。

8.2.1　国内外水色卫星的发展

　　海洋水色卫星作为一种光学传感器，可以实现对海域的叶绿素浓度、温度等海洋环境参数的监测。1978年，美国成功发射了第一代水色航天遥感器海岸带水色扫描仪（CZCS）（The Coastal Zone Color Scanner）和 SMMR（多波段微波扫描辐射计）（Scanning Multichannel Microwave Radiometer），这标志着海洋水色遥感有了快速的进步。至此，各国科学家开始了对海洋水色空间域、时间域及光谱域的资料进行长期分析和研究。美国在 1997 年 8 月，发射了世界上第一颗专用海洋水色卫星 SeaStar/SeaWiFS，它标志着因水色遥感器"沿海水色扫描仪"在 1986 年停止运转中断了 10 年的全球海洋水色遥感数据又得以继续，而且可以得到质量更高的海洋水色资料。1999 年 12 月，美国成功发射了第一颗 EOS/MODIS 卫星。2002 年 3 月，日欧空局发射了 ENVISAT/MERIS 卫星，提供了更高分辨率的图像来研究海洋变化。经过多年研究和应用实践，海洋水色遥感在中国已经从启动阶段的试验研究成长为一个有价值的实用新技术。我国在 2002 年 5 月正式发射了第一颗海洋水色卫星，为我国海洋水色卫星的发展奠定基础。2007 年我国发射了装备更为精良的（HY-1B）卫星。该卫星是在 HY-1A 卫星基础上研制的，进一步增强和提高了其观测能力和探测精度。各个国家发射的水色卫星的空间和光谱分辨率都越来越高，这些都有助于更好地对水色遥感影像数据进行研究。

8.2.2 叶绿素浓度反演研究现状

叶绿素是浮游植物中的各门藻类都含有的光合作用色素，海洋中的浮游植物叶绿素含量的测定数据一直是各海区海洋化学和海洋生物方面研究的重要参数。叶绿素含量的测定，能直接揭示某海域海洋初级生产力的高低，反映整个海洋生态物质循环和能量流动。目前，二类水体水色要素的反演算法大致分为两类，即经验统计法和基于模型的解析算法。经验统计算法是根据叶绿素 a 的光学吸收特性，将现场实测的叶绿素浓度值与光学测量值（如反射率或辐射率值）结合起来，并以某种形式进行回归分析，得到回归系数，然后反过来计算叶绿素浓度值。最简单的经验统计算法是"蓝绿波段比值法"，但在二类水体当中，这种算法的谱段和统计参数需要根据具体的水域和季节所采集到的实测数据来确定，精度并不是很高。随着水色传感器观测波段的不断增加及传感器观测精度的提高，传统的经验算法逐渐发展到多元回归分析，采用了多波段组合，考虑到了更广光谱范围内的水体信号变化，提高了二类水体水色要素的反演精度。陈清连和王项南运用陆地卫星的绘图仪数据对海南海域进行现场数据的采集、卫星图像的处理、海洋信息的提取等工作，最终给出了两幅完整的遥感图像。Kevin 等提出以 672 nm 和 704 nm 两个波段的反射率比值来提取叶绿素 a 浓度，用来消除环境因子对叶绿素提取的影响。基于模型的算法是指利用生物—光学模型用以确立水体成分浓度与光谱反射率或者辐射率之间的关系，运用辐射—传输模型来模拟光穿过大气和水体的机理，建立一种以反射或反射的光谱来反演特定水体组分的反演模型。其主要有代数法、主成分分析法、神经网络算法和叶绿素荧光算法等。生物—光学模型具有很好的物理意义和普适性，因而吸引了越来越多的研究水色遥感的学者的关注。Keiner 等成功利用遥感反射率数据来估计和反演海表叶绿素浓度，证明了神经网络模拟非线性传输函数比 SeaBAM 工作组所有的经验回归和半解析方法都要准确。Daniel 等通过对高山湖泊的 MERIS 数据的敏感度分析，利用神经网络模型，获取了贫营养水体和中营养水体的叶绿素浓度。李素菊等根据地面实测高光谱数据和同步的水质采样分析，分别利用反射率比值法和一阶微分法建立了叶绿素浓度的遥感定量模型。旷达等综合了环境一号小卫星的 CCD 数据和同步的地面水质监测数据，发现近红外波段与红波段比值的模型用于太湖地区叶绿素 a 浓度反演的精度良好。徐京萍等通过利用 2004 年 5—9 月的新庙泡实际测量的高光谱数据和实验室分析数据，建立了基于三波段的叶绿素 a 浓度反演模型，并优化组合了 3 个特征波长，结果表明用该方法建立的浓度反演模型精度较高，适合二类水体叶绿素 a 含量的提取。张彦喆等以 MODISIB 卫星影像为数据源，利用 MODIS 250 m 分辨率的波段反射率构建了 NDPI 遥感指数，并结合叶绿素质量浓度实测值进行回归拟合，分析并反演了渤海海域叶绿素浓度的分布情况。2012 年 El- Alem 等提出了一种新的叶绿素浓度反演模型—APPEL 模型（APProach by ELimination），结合南魁北克 4 个湖泊的 9 年实测数据和同步 MODIS 影像数据，成功地对叶绿素浓度进行了反演。Vanhellemont 等基于短时间内海面反射率空间变化可忽略的假设，将 MODIS 数据的空间信息融入 SEVIRI 数据，成功地得到了较高空间分辨率的 SEVIRI 数据集，对近岸水体悬浮颗粒物浓度和漫衰减系数进行高频率、高精度监测。

8.2.3　二类水体光谱反射率测量研究现状及趋势

研究水体叶绿素浓度与反射光谱特征的关系是进行叶绿素浓度遥感监测的基础。水色遥感的目的是从各种光谱特征以及水色信号中提取水体中各种物质的信息及浓度。水色是通过水体的不同光谱反射率特征来定义的。

目前，文献中常见的水色遥感参数是遥感反射率，与水表面辐照度比 R 相似，差别只是利用了上行辐亮度而不是辐照度的比值，定义为：

$$R_{rs}(\lambda) = Lw(\lambda)/Ed(\lambda) \tag{8-1}$$

式中，R_{rs} 为遥感反射率；$Lw(\lambda)$ 为离水辐亮度，定义为经水气界面反射和透射后的向上辐射度，单位为 W/ ($m^2 \cdot um \cdot sr$)；$Ed(\lambda)$ 为下行辐照度。

$Ed(\lambda, Z)$ 携带了该深度之上各种因素（如波浪、大气等）对入射辐照度影响的全部信息。这样，$Lu(\lambda, Z)/Ed(\lambda, Z)$ 参数极大地消除了外界环境的影响，由于该参数与 $R_{rs}(\lambda)$ 具有相似的物理意义，因此可定义为：

$$rrs(\lambda, Z) = Lu(\lambda, Z)/Ed(\lambda, Z) \tag{8-2}$$

式中，$rrs(\lambda, Z)$ 反映了 Z 深度以下水体等效的光学反射特征，可称为水面之下的遥感反射率。

离水辐亮度是用来描述被表层海水所散射的太阳辐射。目前现场获取 Lw 的方法大致分为两种：剖面测量法和水面以上测量法。水面以上测量法是采用与陆地光谱测量近似的仪器，在经过严格定标的前提下，通过合理的观测几何安排和测量积分时间设置，得到几个主要的观测量。传统垂直水面光谱测量存在无法得到水体遥感的基本参数、受船体影响大等弊端。带有倾角的水面以上光谱测量方法虽然减小了船体影响，但是由于天空光的漫反射是不可避免的，水面以上测量法难以消除海面对天空光的反射等环境因素的干扰，所以精度不高。

　　由于水面以上测量法存在精度不高的问题，国际上普遍采用针对一类水体设计的大型水下光谱剖面仪，虽然其精度较高，但是体积较大、采样深度间隔大，仅适合低衰减系数的水域，且仪器产生的自阴影影响大。另外，仪器测量过程下沉速度太快，采样深度间隔不能满足二类水体遥感探测的验证要求。所以需要发展适合二类水体使用的剖面光谱仪。本研究使用的仪器是水下高光谱水色剖面仪 HPROII，其配备的探头体积小，探头直径分别为 6 cm 和 6.5 cm，虽然不能完全消除来自阴影的干扰，但就目前而言已属比较先进了。HPROII 可以调节下沉的速度，对于二类水体，一般速度需要控制在 0.2 cm/s 之内，以满足二类水体采样间隔的需要。

8.3　技术路线

　　东西连岛水体光谱反射率测量研究主要分为两个阶段：第一个阶段是数据获取阶段；第二个阶段是数据处理与分析阶段。详细的技术路线如图 8-1。

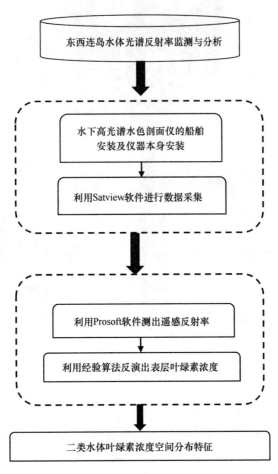

图 8-1　东西连岛水体光谱反射率监测研究技术路线

8.4 水下高光谱水色剖面仪测定二类水体遥感反射率

8.4.1 水下高光谱水色剖面仪简介

自由落体式水下高光谱水色剖面仪又称海洋水色剖面仪。HPROII 的优良设计来自于加拿大 Satlantic 公司研制前几代水色剖面测量仪器的宝贵经验。Profiler II 系统可做自由落体式的水色剖面测量，也可以连接一个分离式的浮筒对海水近表面水层进行测量（Hy-perTSRB）。HPROII 可以搭载多光谱（multispectral）或高光谱（hyperspectral）传感器。Profiler II 的灵活性以及高性能的特点使其可以适用于多种环境的光学测量平台。其外形设计如图 8-2 所示。

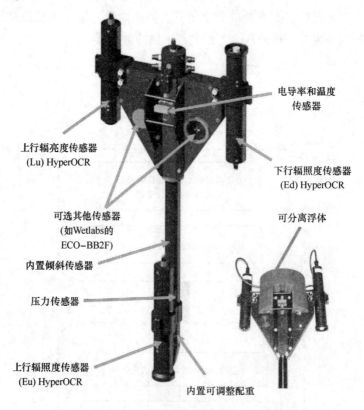

图 8-2　水下高光谱水色剖面仪的外形设计

水下高光谱水色剖面仪由许多部分组成，包括设备主体以及各个传感器还有一些辅助设备（表 8-1）。通过 Satlantic 公司的数据处理软件（ProSoft），Profiler II 可以提供的数据有：离水辐射（water-leaving radiance），遥感反射（remote sensing reflectance），能量通量（energy fluxes），有效光合辐射（PAR）和 漫 衰 减 系 数（diffuse attenuation coefficients）。

这些数据可应用于环境监测、卫星资料校准及验证以及生物光学算法的发展。与其他的同类产品相比，HPROII 避免了自身阴影以及船体运动导致的干扰等问题，在各种环境下均能方便地开展测量工作。

表 8-1　仪器设备名称及参数规格

序号	仪器设备名称	投标规格
1	流线型剖面仪主体	型号 Profiler Hub，具备剖面模式和水面模式，一体化集成了导流双翼 1 个，压力传感器 1 个，2 维倾斜仪 1 个（+/-60°），浮体 1 个。在水中自由下落速度0.1 m/s时，倾斜角度小于 2°。自由下落速度可调：0.1 m/s 到 1 m/s
2	下行高光谱辐照度传感器（Ed）	型号 HOCR Ed 光谱范围：350~800 nm 自动调整测量范围，全范围自动光栅关闭进行黑暗校准 通道数：不少于 130 个 视场角：辐亮度传感器，8.5；辐照度传感器，余弦 0~60 3%　60~85 10% 采样率：≥3 Hz 光谱准确度：优于 0.3 nm 光谱分辨率：优于 10 nm 信噪比：700 nm 处优于 0.005 uW/（$cm^2 \cdot nm \cdot sr$） 响应的线性度和稳定性：优于 1% 工作环境温度：-10~50℃ 水下耐压深度：≥250 m
3	上行高光谱辐亮度（Lu）	型号 HOCR Ed 光谱范围：350~800 nm 自动调整测量范围，全范围自动光栅关闭进行黑暗校准 通道数：不少于 130 个 视场角：辐亮度传感器，8.5；辐照度传感器，余弦 0~60 3%　60~85 10% 采样率：≥3 Hz 光谱准确度：优于 0.3 nm 光谱分辨率：优于 10 nm 信噪比：700 nm 处优于 0.005 uW/（$cm^2 \cdot nm \cdot sr$） 响应的线性度和稳定性：优于 1% 工作环境温度：-10~50℃ 水下耐压深度：≥250 m
4	海面参数传感器	型号 HOCR ES 光谱范围：350~800 nm（可要求更广） 自动调整测量范围，全范围自动光栅关闭进行黑暗校准 带 20M 甲板用电缆 1 条
5	温盐传感器	型号 Micro CT，集成在剖面仪主机上 温度测量范围：-2.5~+40℃ 精度：0.020℃ 分辨率：0.003℃ 电导传感器：范围 0~70 mS/cm，精度 0.005 mS/cm，分辨率 0.001 mS/cm

序号	仪器设备名称	投标规格
6	叶绿素和 2 通道后向散射浊度传感器	型号 Triplet Puck，集成在剖面仪主机上，2 通道后向散射的激发波长为 470 nm 和 700 nm，叶绿素激发波长为 470 nm，激发角度 117°
7	电源和数据控制盒 1 个	型号 MDU-200，48VDC，RS-485 转 RS-232
8	电源 1 个	MDU-AC，220V 转 48V
9	投放电缆 1 条	Kevlar 加强型，长度 200 m，并配备软件 1 套及携带箱 1 个
10	工业级防水 \ 抗震便携式计算机	型号：松下 CF-193HAAZFR，美军标 MIL-810G 标准，防水、防尘等级达到 IP65 标准，抗震机身，已通过 120 cm 跌落试验，抗冲击、宽温、电池兼容设计 硬盘容量：500 GB 内存容量：4 GB CPU/缓存：英特尔 酷睿 博锐技术 处理器 i5-3320 M（工作频率 2.6 GHz，Intel Smart Cache 3 MB） 全镁合金机壳
11	数码发电机	机组型号：IG2000 生产商：无锡开普动力 最大输出功率可达 2.00 kVA 低噪声设计，7 m 处仅有 61~73 dB 机组仅有 22 kg，非常轻巧便携 一箱燃油可连续运行 3 个小时 逆变器技术保证高品质的电源输出 先进的变频技术为计算机和其他敏感设备提供可靠电力
12	不间断电源	生产商：深圳市山特在线科技有限公司 型号：CIK
13	专业维修工具包	哈博专业工具包

8.4.2　二类水体光谱测定方案设计

为了科学地观测东西连岛海域二类水体剖面光谱，获取正确的观测结果，依据水下高光谱水色剖面仪测定水体剖面光谱的深度要求和连岛海域海底地形和底质情况，设计如图 8-3 所示的采样方案。从图中可以看出：水体光谱测定共设计 12 个站位，实际采样站位还需依据天气、海况、水深等客观因素而定，而实际采样站点则为 9 个，各站点的经纬度信息如表 8-2 所示。

图 8-3 东西连岛光谱反射率测量研究方案设计

表 8-2 东西连岛海域二类水体剖面光谱测定实际采样点

站位	纬度（N）	经度（E）
1	34.776503°	119.383334°
2	34.781104°	119.4474.8°
3	34.778476°	119.454853°
4	34.775816°	119.466002°
5	34.770879°	119.181889°
6	34.763748°	119.498755°
7	34.750649°	119.520972°
8	34.745066°	119.516236°
9	34.744920°	119.501606°

8.4.3 东西连岛海域二类水体光谱测定

8.4.3.1 仪器船舶安装

于 2016 年 5 月 17 日下午 2 时到达西连岛码头，将水下高光谱水色剖面仪主体及投放电缆、数码发电机、不间断电源、48 V 直流电源 MDU-AC 和防水防震便携式计算机移至测量船，并进行船舶安装。详细步骤如下。

（1）海面参照传感器的安装（图8-4），要求将海面参照传感器安装在测量船的最高部位，保证没有任何遮挡。

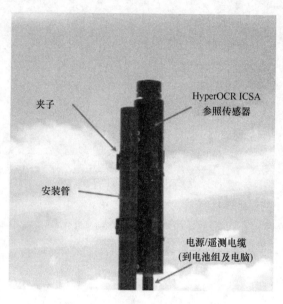

图8-4　海面参照传感器的安装

（2）水下高光谱水色剖面仪主体与投放电缆之间的连接。首先连接电缆锁扣到剖体上，在遥测电缆另外一端的锁扣可以连接到船体上一个固定点，以免电缆滑落水中（图8-5）。

图8-5　电缆与剖体及船上固定点的连接

（3）投放电缆和MDU-200电源与数据控制盒之间的连接。

（4）MDU-200电源与数据控制盒和不间断电源的连接（图8-6）。

图 8-6　电源与数据控制盒和不间断电源的连接

（5）完成发电机、不间断电源、48 V 直流电源 MDU-AC 与投放电缆和计算机接口之间的连接（图 8-7）。

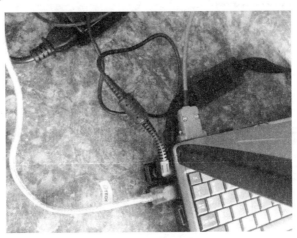

图 8-7　计算机接口的连接

（6）检查连接的完整性，利用发电机发电，启动计算机（图 8-8）。

8.4.3.2　水体剖面光谱测量

利用水下高光谱水色剖面仪开展东西连岛周边海域二类水体剖面光谱测定的详细步骤介绍如下。

（1）首先打开 SatView 数据采集软件（图 8-9）。

（2）通过 7 键添加设备配置文件。如图 8-10 所示，选择 From Instrument Package or Instrument，点击浏览按键，定位到厂商提供的设备校准文件夹下并添加设备。

注意以上设备校验文件以 MPR 开头的表明是剖体及其上传感器的设备校验文件，另

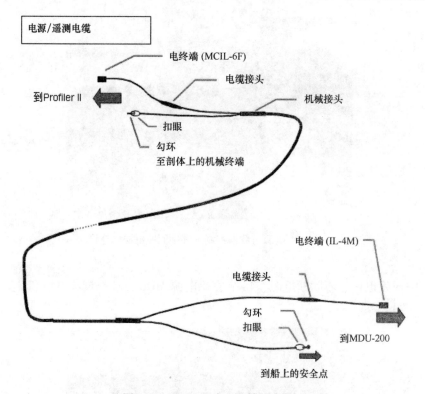

图 8-8　HPRO II 水上连接示意图

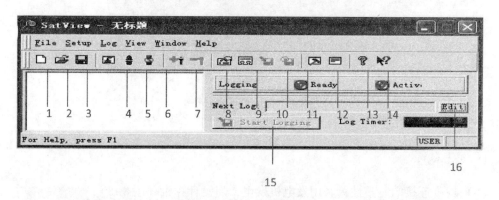

图 8-9　SatView 软件界面

外，以 HSE 开头的文件为参照传感器的校验文件。选择 HSE0311_ 08Jun12 及 MPR0112_ 14Jul02。设备配置面板显示的设备配置信息如图 8-11 所示。

（3）设备与电脑连通。根据设备电路连接，确定剖体和参照传感器与电脑连接的串口信息。在设备配置面板上右键点击设备组名称，选择 "Read From"，这时将显示一个串口列表，选择串口 4（图 8-12）。

如果串口选择正确则图 8-12 中红圈处的设备符号将有绿色的方框包围闪烁。说明设

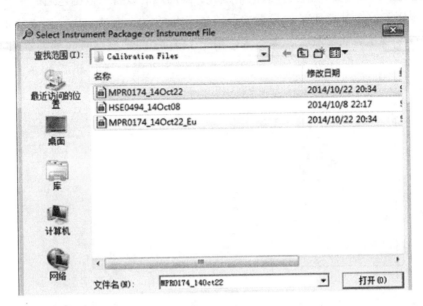

图 8-10　配置文件

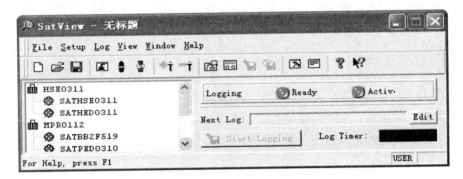

图 8-11　配置面板的设备信息

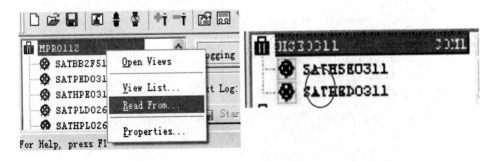

图 8-12　串口选择

备与电脑连通。同样对另一个文件包进行设置，此时所有设备与电脑连通。

（4）设置参数。点击 HSE 设备组，选择 View list，第一个 Ancillary view 显示各传感器参数，Es view 显示表面辐照度参数图表，第三个 Time view 显示时间轴设置图表（图 8-13）。点击保存按钮保存数据，出现保存对话框，可设置保存路径和文件名称。Log Duration 设定数据采集的总时间，Log interval 设定数据采集间隔。

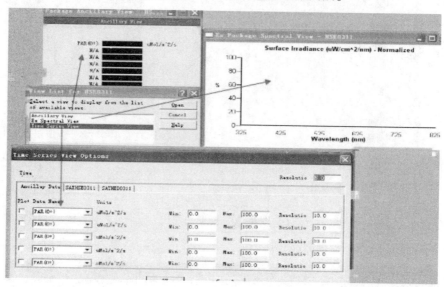

图 8-13　设置采样时间和采样间隔

（5）软件参数设置完成，确保仪器正常通信，数据采集可以使用。投放前检查剖体电路连接是否密封、牢固，检查剖体是否已经牢固固定在电缆上（图 8-14）。投放时，剖体不能碰到船体，以免损坏传感器，尽量离船体有一定距离，避免船的阴影对所测数据产生影响（图 8-15）。

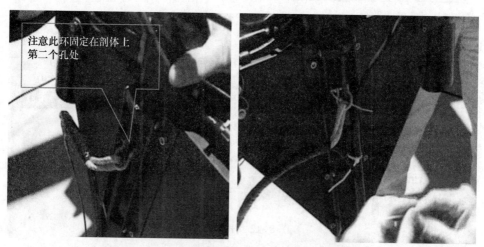

图 8-14　水下高光谱水色剖面仪剖体投放前的检查

图 8-15 投放水下高光谱水色剖面仪剖体

（6）压力清零，点击 Start Logging 按键开始采集数据。注意：观测 Ancillary view 中的倾斜度、深度和速度 3 个参量的变化。当倾斜度小于 5°时，点击开始采集，此时，将缆绳迅速抛出，尽量使剖体在水中做自由落体运动。当倾斜度突然改变时，说明剖体已经触底，此时停止采集。

（7）剖体回收。当数据采集完成后，开始对剖体进行回收。通过水下电缆轻轻拖回剖体。注意：回收时速度不要过快，以免剖体撞到硬物。当回收遇到阻力时，不要用力推拽，以免设备丢失。要轻轻放开剖体使其下落，再轻轻回收。如仍遇阻力说明剖体被某物拖挂或缠绕，需另想办法进行回收。当剖体靠近船体时要轻轻回收，使剖体与投放者几乎在同一垂直线上，通过电缆将剖体提起，收回。

剖体回收后，断开电源供应。要用清水对剖体进行冲洗，以免日后海水对设备造成腐蚀。冲洗后将设备在阴凉通风处晾干并拆卸设备。在不使用时用堵头将连接头封死并将光学传感器用盖子盖上，这些保护措施可以延长仪器的使用寿命。

8.5 基于水体光谱的表观光学量和水色要素监测

8.5.1 数据后处理软件

8.5.1.1 软件介绍

ProSoft 软件是海洋测量系统采集和处理数据的分析软件包。该软件的主要目标是创建一个包，能够以自动的方式处理光学数据，使数据的处理更为客观。任何两个调查者可从相同的数据集得到相同的结果。随着装载在自制浮标、船舶以及飞机等平台上设备数目的增加，需要研发一种能处理所有光学数据的通用方法。

ProSoft 软件界面的各个按钮的功能和作用（图 8-16）。Processing Context（处理环境）定义了设备数据处理所需要的所有参数。Processing Context 由两部分组成：Current instrument（当前设备）和 Current parameters（当前参数）。Current instrument 定义了收集 raw 数据所需要的设备。Current parameters 定义了所有从 level1 到 level4 数据处理的可能性。

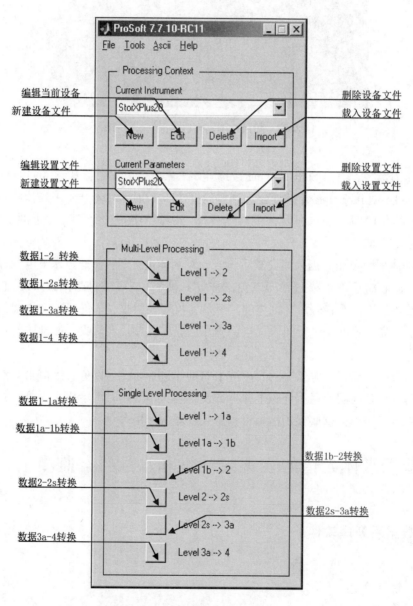

图 8-16　ProSoft 软件界面

Level 1：从设备当中获取的 raw 原始二进制数据文件。文件后缀名为 raw。

Level 1a：根据设备（校准）文件从 raw 数据当中提取的二进制数据文件。提取的信息根据其校准信息分组并存储到 Level 1a 的 hdf 文件当中。文件后缀名为_ L1a。

Level 1b：Level 1b 数据经过校准，文件名后缀为_ L1b。

Level 2：包括 Level 1b 数据，每次应用时作进一步处理（取决于处理参数设定及设备场景）。文件后缀名为_ L2。

暗窗快门：修正应用；参照及暗数据平滑应用。

Profiler's data is tilt edited：剖体数据倾斜度编辑。

Level 2s：Level 2 数据内插到公共的坐标轴当中，这个坐标轴不是深度坐标（剖体）就是时间轴坐标（只有参考或者是 SAS 系统）。文件后缀名是_ L2s。

Level 3a：包括有处理参数定义的 Level 2s 数据的平均。文件后缀名是_ L3a。

Level 4：包括从 level 3a 数据中生成的更高一层的数据处理（用户选择）。这包括标准离水辐亮度、剖面反射率、有效光合辐照度等。文件后缀名为_ L4。

8.5.1.2　仪器设置

利用 ProSoft 软件开展数据批处理之前，需要进行仪器设置和参数设置。仪器设置的详细步骤如下。

（1）打开 ProSoft 软件，点击"New"按钮，找到 Calibration Files 的文件夹，点击"打开"，选择图中 HED494A. cal，HSE494A. cal，HPE493A. cal，PED493A. cal，HPL389A. cal，PLD389A. cal，MPR174a. cal，HSE0494_140ct08. sip，MPR0174_140ct22. sip，SATB2F1238. tdf 文件（图 8-17）。点击"Add"添加文件。选择图 8-18 中的 10 个校正文件，点击"OK"。

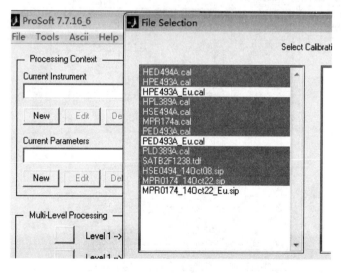

图 8-17　新建设备环境

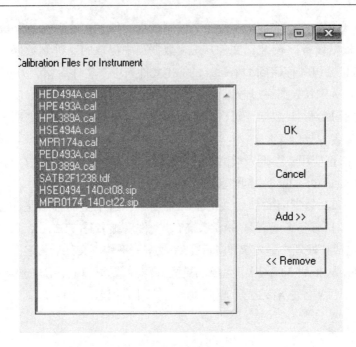

图 8-18　选择设备文件

（2）上述步骤完成后，需要对每个校准文件进行设置，如图 8-19 所示。每个校准文件的设置类型如表 8-3 所示。设置完成后，点击"Save"，命名该文件名为"model-1"。

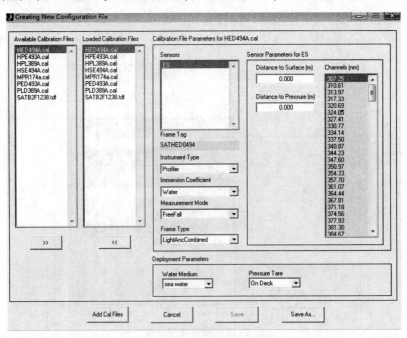

图 8-19　校准文件界面

表8-3　校准文件设置

校准文件	设备类型	浸入系数	测量模式	帧类型
HED494A. cal	Reference（Es）	Air	Surface	ShutterDark
HPE493A. cal	Profiler（Ed）	Water	FreeFall	ShutterLight
HPL389A. cal	Profiler（Lu）	Water	FreeFall	ShutterLight
HSE494A. cal	Reference（Es）	Air	Surface	ShutterLight
MPR174a. cal	Profiler（Anc）	Water	FreeFall	Anc
PED493A. cal	Profiler（Ed）	Water	FreeFall	ShutterDark
PLD389A. cal	Profiler（Lu）	Water	FreeFall	ShutterDark
SATB2F1238. tdf	ECO Series IOP	Not Required	FreeFall	Not Required

8.5.1.3　参数设置

在仪器设置完成之后，需要对参数进行设置。详细步骤如下：点击当前参数下的"New"按钮，设置当前参数。根据东西连岛海域的实际情况，设置一些参数（图8-20）。

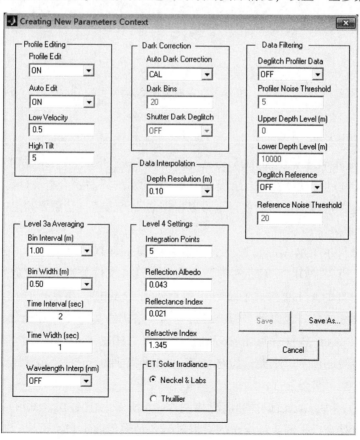

图8-20　设置当前参数

8.5.1.4 数据处理

完成仪器设置和参数设置之后，即可进行测量数据的批处理。

（1）点击"Level1→4"按钮，弹出文本框，选择存放数据的文件夹，选择文件夹"2016.05.17"。出现如图8-21所示的界面。

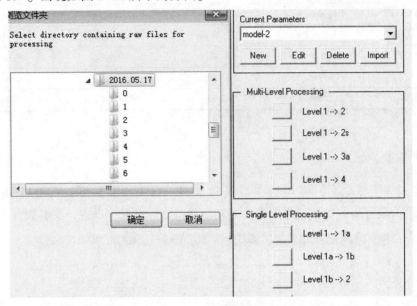

图8-21 选择数据文件夹

（2）在出现的界面中选择文件liandao.raw，liandao1.raw，liandao2.raw，liandao3.raw，liandao4.raw，liandao5.raw，liandao6.raw，liandao7.raw和liandao8.raw，对所获取的数据文件进行批量处理，出现如图8-22所示的界面，点击"OK"。

（3）选择全部可以测定的参数，也可以根据需要，选择自己需要测定的参数。参数列表如图8-23所示。

（4）选择软件主菜单Ascii，选择下拉菜单"General Data Product"，依然选择文件夹"2016.05.17"，点击"OK"。将上一步骤生成的∗.hdf文件分别放入指定文件夹中。

（5）选择全部的∗.hdf格式的文件，然后点击"Add"，再次选择出现的所有文件，点击"OK"（图8-24）。经以上步骤，可将∗.hdf格式的文件转换为∗.dat格式的文件。

（6）打开ProSoft软件，点击Tools工具下的"HDF Data Viewer"，点击File下的"Open"，选择要打开的文件夹。勾选所有∗.hdf文件，点击"Add"。再次勾选所有∗.hdf格式的文件（图8-25）。

（7）HDF Data Viewer数据视图概况如图8-26所示。HDF Data Viewer数据视图界面主要是将所有批处理产生的4种层次的数据进行各种图形展示和编辑。

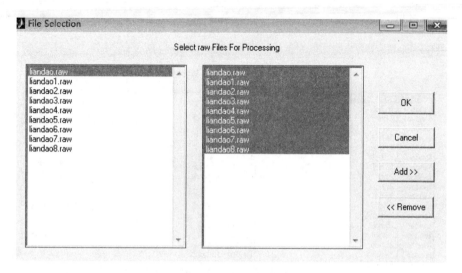

图 8-22　文件批量处理

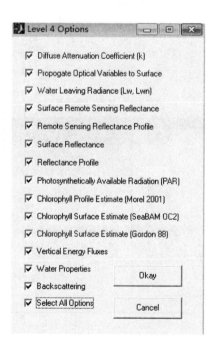

图 8-23　勾选批处理参数

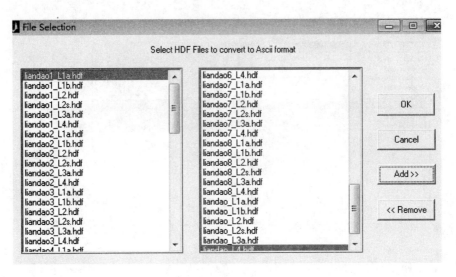

图 8-24　批量格式转换

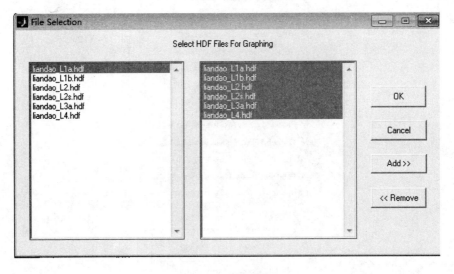

图 8-25　加载文件截图

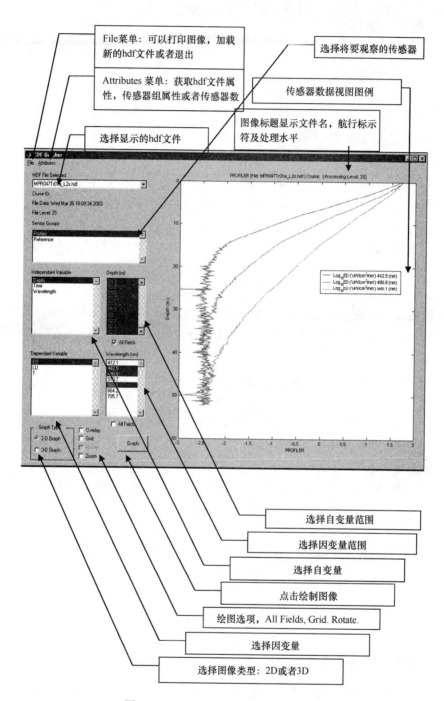

File菜单：可以打印图像，加载新的hdf文件或者退出

Attributes 菜单：获取hdf文件属性，传感器组属性或者传感器数

选择显示的hdf文件

选择将要观察的传感器

传感器数据视图图例

图像标题显示文件名，航行标示符及处理水平

选择自变量范围

选择因变量范围

选择自变量

点击绘制图像

绘图选项，All Fields, Grid. Rotate.

选择因变量

选择图像类型：2D或者3D

图 8-26　HDF Data Viewer 概况及介绍

8.5.2 表观光学量提取

8.5.2.1 表观光学量参数简介

表观光学量是水色遥感的光学参量之一，用来描述光照条件变化的光学特性，水色遥感的主要目的就是通过测量水体的表观光学量得到水体的固有光学量。表观光学量主要包括辐射通量、辐射强度、下行辐照度、上行辐亮度，离水辐亮度、遥感反射率等。

（1）辐射通量：在单位时间内通过某一面积的辐射能量，称作通过该面积的辐射通量。符号 Φ，单位为 W。如果是某个波长的辐射通量，记为 $\Phi(\lambda)$。

（2）辐射强度：辐射强度为辐射源在某一方向上的单位立体角 Ω 内所发出的辐射通量。符号 I，单位为 W/sr。

$$I = \lim_{\Delta\Omega->0} \frac{\Delta\Phi}{\Delta\Omega} = \frac{\mathrm{d}\Phi}{\mathrm{d}\Omega} \qquad (8-3)$$

（3）辐亮度：辐亮度指的是单位投影面积、单位立体角上的辐射通量。其符号为 L，单位是 W/（m^2·sr），单位光谱波段上的单位是 W/（m^2·nm·sr）。上行辐亮度（Lu）和离水辐亮度（Lw）是比较常用的辐亮度参数。离水辐亮度是刚好处于水面之下的上行辐亮度经水气界面透射后穿出水面的辐亮度。

$$L = \frac{\mathrm{d}^2\Phi(\lambda)}{\mathrm{d}A\cos\theta\mathrm{d}\Omega} \qquad (8-4)$$

（4）辐照度：单位面积上接受到的辐射通量。符号是 E，单位是 W/m，单位光谱波段上的单位是 W/（m^2·nm）。下行辐照度（E_d）以及上行辐照度（E_u）是水色遥感中经常使用的参量。

$$E(\lambda) = \frac{\mathrm{d}\Phi(\lambda)}{\mathrm{d}A} \qquad (8-5)$$

（5）遥感反射率 R_{rs}：遥感反射率是指在给定深度 z 处，上行辐亮度和下行辐照度的比值，单位是 sr^{-1}，是水色遥感中的重要参量。

$$R_{rs}(z, \lambda, \varphi, \theta_w) = \frac{L_u(z, \lambda, \varphi, \theta_w)}{E_d(z, \lambda)} \qquad (8-6)$$

8.5.2.2 东西连岛海域表观光学量参数提取

水下高光谱水色剖面仪主要是用来测量水体的表观光学特性，该仪器用配套的 ProSoft 软件进行表观光学量的提取。

2016 年 5 月 17 日在东西连岛周边海域共采集 9 个站点的水下剖面表观光学数据。图 8-27 和图 8-28 分别反映了下行辐照度 E_d，上行辐亮度 L_u 随深度和波长的变化情况，表面辐照度 E_s 随测量时间的变化情况，如图 8-29 所示。

1）下行辐照度（E_d）参数提取

下行辐照度（E_d）参数提取结果如图 8-27 所示。

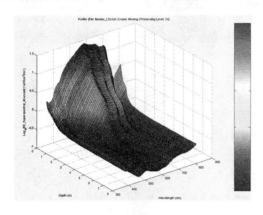
(a)站点1下行辐照度E_d的变化情况

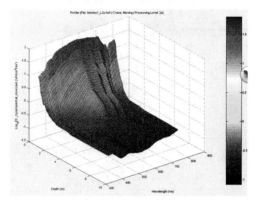
(b)站点2下行辐照度E_d的变化情况

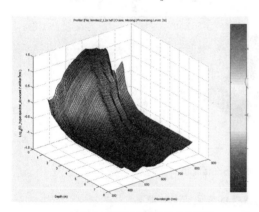
(c)站点3下行辐照度E_d的变化情况

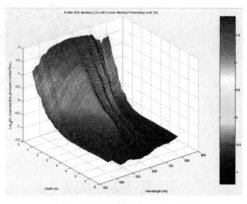
(d)站点4下行辐照度E_d的变化情况

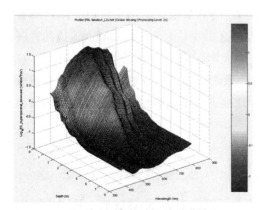
(e)站点5下行辐照度E_d的变化情况

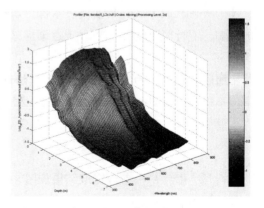
(f)站点6下行辐照度E_d的变化情况

图 8-27　各站点下行辐照度 E_d 的变化情况

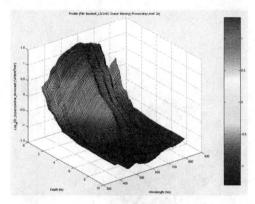

(g) 站点7下行辐照度 E_d 的变化情况

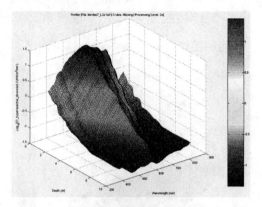

(h) 站点8下行辐照度 E_d 的变化情况

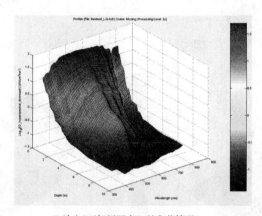

(i) 站点9下行辐照度 E_d 的变化情况

图 8-27　各站点下行辐照度 E_d 的变化情况（续）

图中 X 轴代表波长，Y 轴代表水深，Z 轴是 E_d 的对数值。从图中可以看出：随着深度的增加，下行辐照度（E_d）呈现逐渐递减趋势，这主要是因为水体衰减而造成的。深度在 2~8 m 之间时，E_d 的光谱曲线比较平滑，说明此时的仪器姿态较稳，数据是有效的。下行辐照度在 300~900 nm 之间呈现的起伏规律一致。当深度较浅时，红光和黄光波段的光谱值不稳定，说明此时仪器受噪声影响很大。这也进一步说明仪器本身噪声影响是很小的，主要是来自外界的噪声影响。

2）上行辐亮度（L_u）参数提取

上行辐亮度（L_u）参数提取结果如图 8-28 所示。

图中 X 轴代表波长，Y 轴代表水深，Z 轴是上行辐亮度 L_u 的对数值。从图中可以看出：随着深度的增加，上行辐亮度（L_u）逐渐减小，这主要是因为水体衰减而造成的。站点 1 至站点 3 的数据表明深度在 2~4 m 之间时，上行辐亮度 L_u 的光谱曲线比较平滑，说明此时的仪器姿态较稳，数据是有效的；当水深介于 4~8 m 之间时，上行辐亮度 L_u 急剧

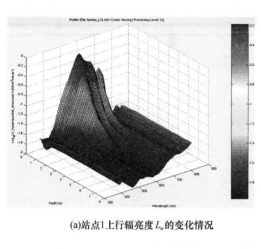

(a)站点1上行辐亮度L_u的变化情况

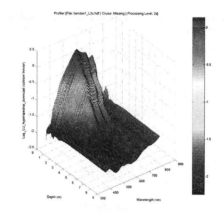

(b) 站点2上行辐亮度L_u的变化情况

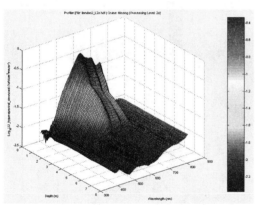

(c) 站点3上行辐亮度L_u的变化情况

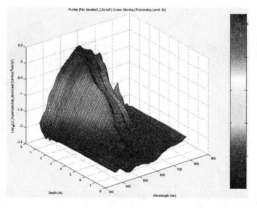

(d) 站点4上行辐亮度L_u的变化情况

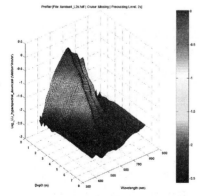

(e)站点5上行辐亮度L_u的变化情况

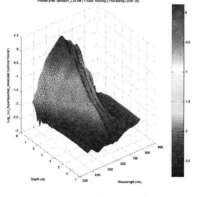

(f)站点6上行辐亮度L_u的变化情况

图 8-28　各站点上行辐亮度L_u的变化情况

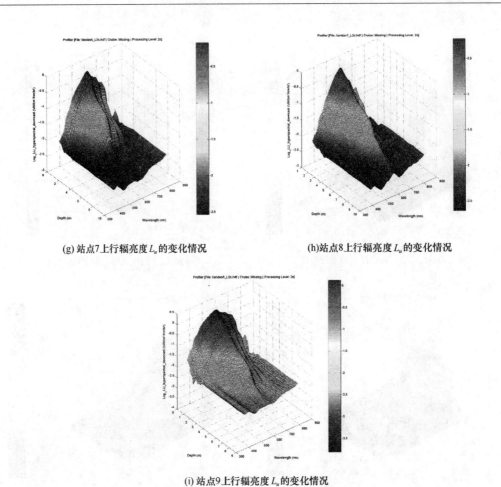

(g)站点7上行辐亮度 L_u 的变化情况　　　　　(h)站点8上行辐亮度 L_u 的变化情况

(i) 站点9上行辐亮度 L_u 的变化情况

图 8-28　各站点上行辐亮度 L_u 的变化情况（续）

衰减。在站点 4 和站点 5 的上行辐亮度 L_u 三维图中，上行辐亮度 L_u 随着深度和波长的变化而呈现一致的变化趋势。当深度较浅时，红光和黄光波段的光谱值不稳定，说明此时仪器受噪声影响很大。这也进一步说明仪器本身噪声影响是很小的，主要是来自外界的噪声影响。在波段 600~800 nm 范围内，上行辐亮度 L_u 在各个深度上变化较大。

3）表面辐照度（E_s）参数提取

表面辐照度参数提取结果如图 8-29 所示。

图中 X 轴代表波长，Y 轴代表时间，Z 轴代表表面辐照度。从图中可以看出：表面辐照度随时间变化幅度非常小，这说明此时的天气状况非常稳定，适合海上测量。在 400~800 nm 的波段范围内，表面辐照度在各个波段上的分布特征一致；而在 800~900 nm 波段范围内，表面辐照度变化极不稳定。

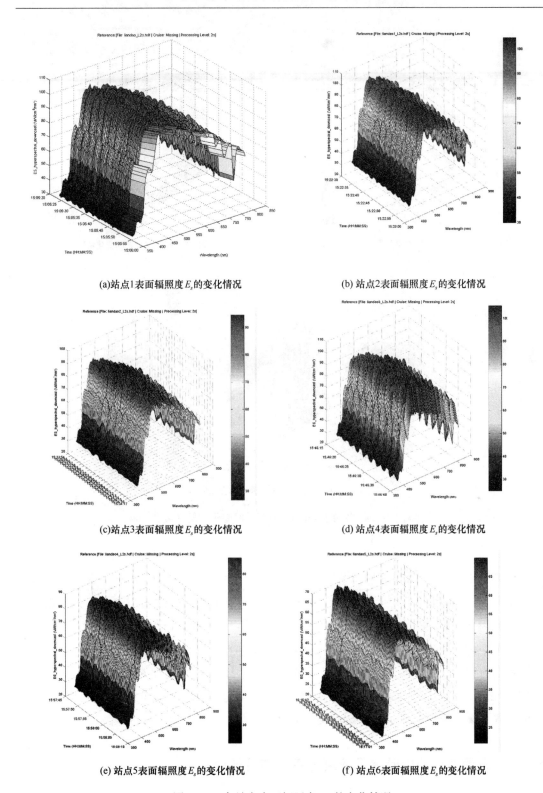

(a)站点1表面辐照度E_s的变化情况

(b) 站点2表面辐照度E_s的变化情况

(c)站点3表面辐照度E_s的变化情况

(d)站点4表面辐照度E_s的变化情况

(e) 站点5表面辐照度E_s的变化情况

(f) 站点6表面辐照度E_s的变化情况

图 8-29　各站点表面辐照度E_s的变化情况

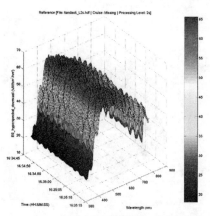
(g)站点7表面辐照度E_s的变化情况

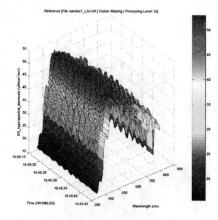
(h)站点8表面辐照度E_s的变化情况

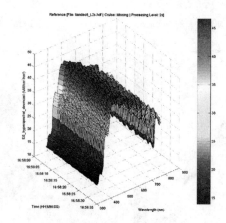
(i)站点9表面辐照度E_s的变化情况

图8-29　各站点表面辐照度E_s的变化情况（续）

4）遥感反射率参数提取

根据E_d和L_u的数据，得出表层的遥感反射率。9个站点的波长与表层遥感反射率的关系，如图8-30所示。

从图中可以看出：9个站点的表层遥感反射率都在560~580 nm之间有个波峰，说明东西连岛海域的悬浮泥沙含量较高；在9个站点中，水体叶绿素在620~760 nm红光范围内的吸收光谱特征比较明显；而在430~470 nm蓝光范围内，3号和5号站点，水体叶绿素的吸收光谱特征较明显，其他站点均不显著。

8.5.3　东西连岛海域叶绿素浓度垂直分布特征分析

水下高光谱水色剖面仪的后处理软件ProSoft采用莫雷尔经验算法而得到平均叶绿素

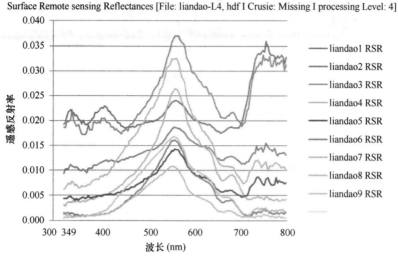

Surface Remote sensing Reflectances [File: liandao-L4, hdf I Crusie: Missing I processing Level: 4]

图 8-30   9 个站点的波长与遥感反射率关系

浓度。深度 Z 的叶绿素浓度值计算公式：

$$C(z) = \frac{k_d(z, \lambda) - k_w(\lambda)}{x_c(\lambda)^{1/e(\lambda)}} \qquad (8-7)$$

式中，$K_w(\lambda)$ 为不同波段海水的漫衰减系数；$X_c(\lambda)$ 和 $e(\lambda)$ 为模型的参数。

表 8-4 是 9 个站点的深度与叶绿素浓度的数据。图 8-31～图 8-39 是各个站点叶绿素浓度随水深的变化图，图中 X 轴表示估算的叶绿素浓度，单位为 μg/L；Y 轴表示水深，单位为 m。

图 8-31 为站点 1 位置所获取的水体叶绿素浓度剖面数据，从图中可以看出：水体叶绿素浓度在整个剖面上，值域范围为 0.004～100.17 μg/L。水体叶绿素浓度随水深的增加而递减。

图 8-32 为站点 2 位置所获取的水体叶绿素浓度剖面数据，从图中可以看出：水体叶绿素浓度在整个剖面上，值域范围为 0.001～103.631 μg/L。水体叶绿素浓度随水深的增加而递减。

图 8-33 为站点 3 位置所获取的水体叶绿素浓度剖面数据，从图中可以看出：水体叶绿素浓度在整个剖面上，值域范围为 1.645～100.584 μg/L。水体叶绿素浓度随水深的增加而递减。

图 8-34 为站点 4 位置所获取的水体叶绿素浓度剖面数据，从图中可以看出：水体叶绿素浓度在整个剖面上，值域范围为 0.408～175.654 μg/L。在 1～5 m 之间，水体叶绿素浓度随水深的增加而递减；在 5～7 m 之间，水体叶绿素浓度呈现先递增后递减的趋势。

表 8-4 各站点深度与平均叶绿素浓度关系

单位：μg/L

站点深度（m）	站点 1	站点 2	站点 3	站点 4	站点 5	站点 6	站点 7	站点 8	站点 9
1	100.169 697 2	103.631 481 4	100.583 973 34	175.653 678 1	121.058 776 4	118.236 200 7	106.854 123 6	51.976 253 36	98.223 256 66
2	66.506 933 7	93.384 495 96	88.681 463 65	166.371 378 4	103.672 974 7	113.020 998 6	80.690 604	42.802 334 27	93.837 221 2
3	40.964 428 26	73.014 998 37	49.771 618 85	80.339 391 6	115.482 002 1	118.512 277	62.791 471 13	42.313 376 08	84.801 202 16
4	14.434 496 29	33.697 494 32	30.288 717 72	27.777 065 81	123.265 853 6	62.102 813 1	50.829 688 03	36.676 095 96	31.968 167 73
5	1.977 271 83	13.802 780 7	8.336 507 49	49.687 063 71	48.334 299 93	27.151 550 2	38.184 914 46	30.442 313 36	26.342 773 33
6	0.016 348 49	1.528 988 9	4.389 603 8	24.439 611 16	9.215 904 61	23.859 938 47	25.294 928 43	24.070 184 61	68.037 311 29
7	0.003 707 13	0.001 230 11	1.645 222 47	0.408 416 43	0.339 976 522	0.368 539 872 2	12.288 050 48	17.106 554 34	32.749 453 02

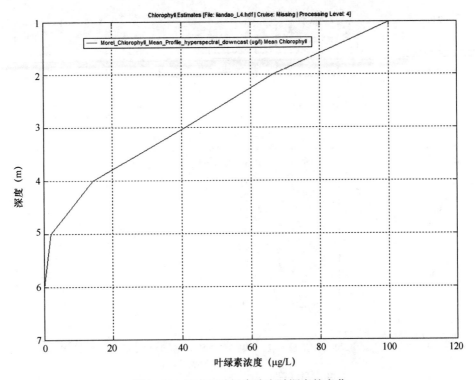

图 8-31 站点 1 叶绿素浓度随深度的变化

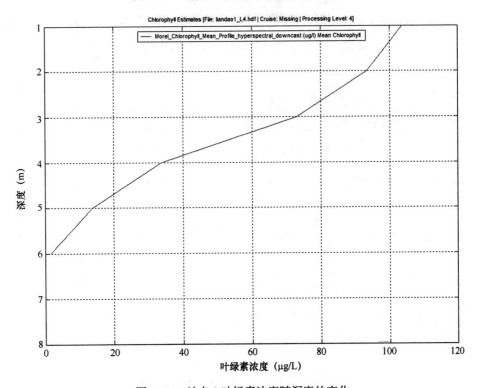

图 8-32 站点 2 叶绿素浓度随深度的变化

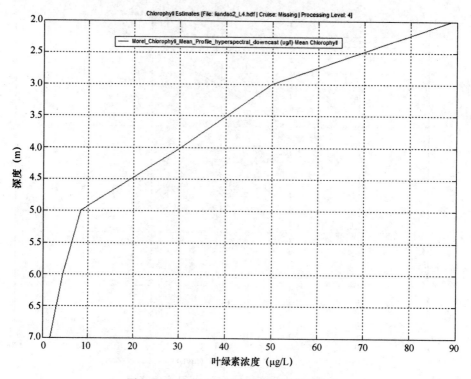

图 8-33　站点 3 叶绿素浓度随深度的变化

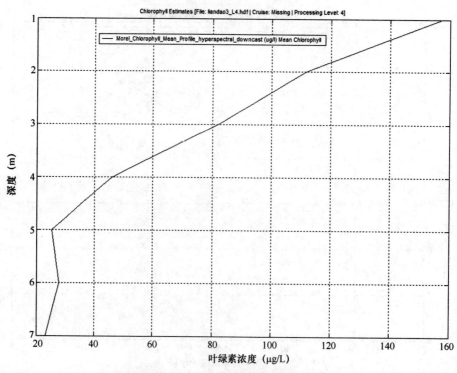

图 8-34　站点 4 叶绿素浓度随深度的变化

　　图 8-35 为站点 5 位置所获取的水体叶绿素浓度剖面数据，从图中可以看出：水体叶绿素浓度在整个剖面上，值域范围为 0.34~121.059 μg/L。水体叶绿素浓度随水深的增加而递减。

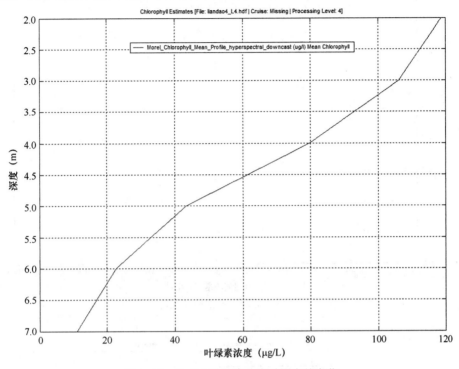

图 8-35　站点 5 叶绿素浓度随深度的变化

　　图 8-36 为站点 6 位置所获取的水体叶绿素浓度剖面数据，从图中可以看出：水体叶绿素浓度在整个剖面上，值域范围为 0.369~118.236 μg/L。水体叶绿素浓度随水深的增加而递减。

　　图 8-37 为站点 7 位置所获取的水体叶绿素浓度剖面数据，从图中可以看出：水体叶绿素浓度在整个剖面上，值域范围为 12.288~106.854 μg/L。在 2~3 m 和 4~8 m 之间，水体叶绿素浓度随水深的增加而递减；在 3~4 m 之间，叶绿素浓度随深度的增加而增加。

　　图 8-38 为站点 8 位置所获取的水体叶绿素浓度剖面数据，从图中可以看出：水体叶绿素浓度在整个剖面上，值域范围为 17.106~51.976 μg/L。在整个剖面上，水体叶绿素浓度随水深的增加而递减。

　　图 8-39 为站点 9 位置所获取的水体叶绿素浓度剖面数据，从图中可以看出：水体叶绿素浓度在整个剖面上，值域范围为 26.342~98.223 μg/L。水体叶绿素浓度在水深为 0~6 m 范围内，呈现逐渐递减的趋势；而在水深 6~8 m 范围内，水体叶绿素浓度呈现先递增后递减的趋势。

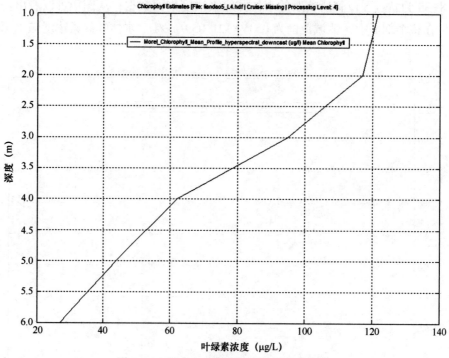

图 8-36　站点 6 叶绿素浓度随深度的变化

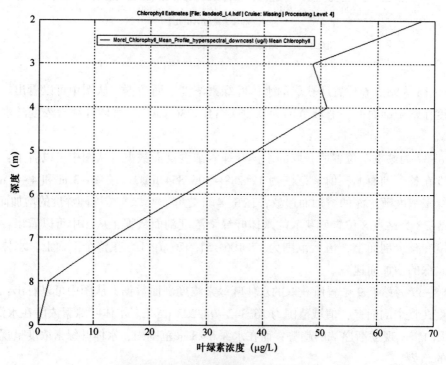

图 8-37　站点 7 叶绿素浓度随深度的变化

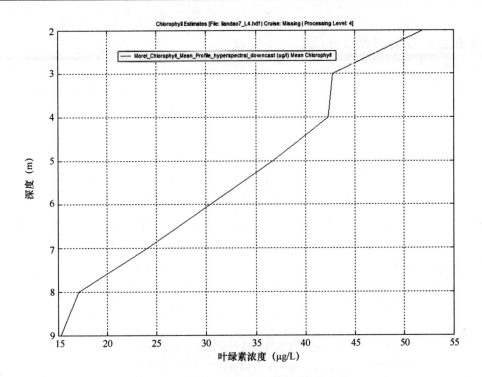

图8-38　站点8叶绿素浓度随深度的变化

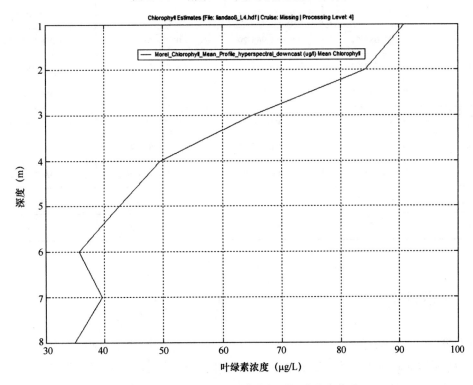

图8-39　站点9叶绿素浓度随深度的变化

8.5.4 东西连岛海域表层叶绿素浓度反演

反演叶绿素浓度的方法有很多种，目前比较适合中国二类水体叶绿素浓度反演的经验算法是唐军武等在黄海和东海海域发展起来的。该算法的公式如下：

$$chlor\_t = 10^{aR^2+bR+c}$$

$$R = \log_{10}\left[\frac{R_{rs}(443)}{R_{rs}(555)}\frac{R_{rs}(510)}{R_{rs}(412)}\right] \quad (8-8)$$

$$a = -3.0679, \ b = -3.7278, \ c = 0.37457$$

9个站点在波长412 nm、443 nm、510 nm和555 nm处对应的遥感反射率如表8-5所示，将各个站点在各个波长处对应的遥感反射率应用到模型中，可得到东西连岛周边海域9个站点的表层水体叶绿素浓度。图8-40是9个站点的表层叶绿素浓度分布直方图，纵坐标是叶绿素浓度，单位ug/L，横坐标是9个站点的序列号。从图中可以看出：9号站点的水体表层叶绿素浓度含量最小，3号站点的水体表层叶绿素浓度含量最大。

表8-5　特定波长处对应的遥感反射率

站点\波长	412 nm	443 nm	510 nm	555 nm
1	0.021 579 64	0.021 918 63	0.019 340 44	0.020 905 96
2	0.011 088 61	0.011 968 29	0.013 650 62	0.016 362 66
3	0.019 702 02	0.019 504 12	0.022 399 17	0.031 074 1
4	0.004 423 25	0.005 535 33	0.011 569 96	0.019 164 94
5	0.004 701 61	0.005 336 52	0.007 757 91	0.011 141 71
6	0.001 035 21	0.001 537 67	0.006 814 47	0.012 456 55
7	0.008 114 55	0.009 671 01	0.019 344 64	0.026 876 62
8	0.000 943 13	0.001 472 59	0.006 047 17	0.009 221 92
9	0.001 254 19	0.002 833 28	0.009 916 53	0.014 345 36

8.6　本章小结

以海州湾东西连岛海域为研究对象，利用水下高光谱水色剖面仪测定并分析东西连岛9个站点的水体剖面光谱，并利用ProSoft后处理软件对水体剖面光谱进行批处理，分析水体剖面叶绿素浓度的垂直变化特征；依据所测的遥感反射率，利用唐军武等的叶绿素反演模型，反演出9个站点的海表面叶绿素浓度。通过以上研究，得出以下结论。

196

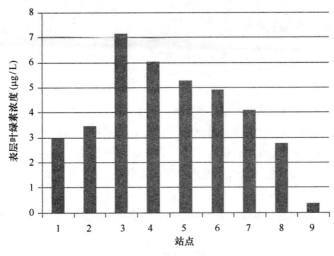

图 8-40 9 个站点的表层叶绿素浓度

（1）由于水体的衰减，随着深度的增加，下行辐照度 E_d 和上行辐亮度 Lu 不断减小。下行辐照度 E_d 和上行辐亮度 Lu 可以反映出数据的有效性。表面辐照度 Es 可以反映海面状况。

（2）叶绿素浓度在垂直方向上，随着深度的增加，整体呈现下降的趋势，这可能与温度、盐度、密度等相关。与温度呈正相关，与盐度、密度呈负相关。

（3）9 个站点的表层遥感反射率的峰值都在波长 575 nm 左右，说明东西连岛海域的悬浮泥沙的含量比较高。

（4）春季，东西连岛的表层叶绿素浓度是比较低的，在 0~8 ug/L 之间。

（5）应用水下高光谱水色剖面仪测量二类水体的剖面光谱是完全可行的。

参考文献：

陈清莲，王项南. 海洋水色遥感及 Landsat-5 TM 数据在海南岛东部海域水色分析中的应用 [J]. 海洋技术，1995，14（3）：47-60.

丛丕福. 海洋叶绿素遥感反演及海洋初级生产力估算研究 [D]. 中国科学院研究生院（遥感应用研究所）学位论文，2006.

杜嘉，张柏. 松花湖水体叶绿素 a 含量与反射光谱特征关系初探 [J]. 遥感技术与应用，2010，25（1）：50-56.

冯春晶. 基于人工神经网络的海中叶绿素浓度垂直分布特征研究 [D]. 中国海洋大学学位论文. 2004.

傅克忖，曾宪模，李宝华，等. 海洋生物—光学算法研究 [J]. 海洋与湖沼，1997，238~244.

高爽. 北黄海叶绿素和初级生产力的时空变化特征及其影响因素 [D]. 中国海洋大学学位论文，2009.

焦红波，查勇. 基于水面实测光谱的太湖水体叶绿素 a 遥感最佳波段选择与模型研究 [D]. 南京师范大学学位论文，2006.

旷达，韩秀珍，刘翔，等. 基于环境一号卫星的太湖叶绿素 a 浓度提取 [J]. 中国环境科学，2010，30

（9）：1268-1273.

李素菊，吴倩，王学军，等. 巢湖浮游植物叶绿素含量与反射光谱特征的关系 [J]. 湖泊科学，2002，14（3）：230- 233.

李铜基，陈清莲，汪小勇，等. 剖面法测量近岸水体遥感反射率的新方法 [J]. 海洋技术学报，2004，23（3）：1-4.

李云梅，黄家柱，王桥，等. 太湖水体光学特性及水色遥感 [M]. 北京：科学出版社，2010.

林明森，张有广. 海洋遥感卫星发展历程与趋势展望 [J]. 海洋学报，2015，37（1）：1-10.

林珊. 太湖水体叶绿素混合光谱分解算法研究 [D]. 南京大学学位论文，2012 .

石立坚，邹斌，马超飞. 海洋水色卫星数据在南海海域的应用 [J]. 海洋开发与管理，2013，2（1）：93-97.

王春磊，牛悦娇，李兴. 遥感途径反演二类水体叶绿素含量的主要算法 [J]. 数字化用户，2013（8），109-110.

王项南. 水下光谱辐射测量技术 [J]. 海洋技术，2003，22（2）：12-18.

修鹏. 渤海海域水色遥感的研究 [D]. 中国海洋大学学位论文，2008.

徐京萍，张柏，宋开山，等. 基于半分析模型的新庙泡叶绿素 a 浓度反演研究 [J]. 红外与毫米波学报，2008，27（3）：197- 201.

张加晋. 近岸二类水体叶绿素浓度遥感反演的算法综述 [J]. 福建水产，2009，3（1）：43-47.

张彦喆，张波. 渤海海域叶绿素浓度反演方法研究 [D]. 天津科技大学学位论文，2010.

张彦喆，郑小慎，张波. 渤海海域叶绿素浓度的遥感反演研究 [J]. 天津科技大学学报，2010，25（1）：51-53.

Daniel O, Thomas H. Chlorophyll retrieval with MERIS Case- 2- regional in perialpine lakes [J]. Remote Sensing of Environment, 2010, 114: 607- 617.

Dirk A Aurin , Heidi M Dierssen. Advantages and limitations of ocean color remote sensing in cdom−dominated, mineral−rich coastal and estuarine waters [J]. Remote Sensing of Environment, 2012, 125: 181-197.

El- Alem A, Chokmani K, Laurion I et al. Comparative analysis of four models to estimate chlorophyll- a concentration incase- 2 waters using Moderate Resolution Imaging Spectro−radiometer（MODIS）Imagery [J]. Remote Sensing, 2012, 4（8）：2 373- 2 400.

Keiner L, Yan Xiao−hai. The use of a neural network in estimating surface chlorophyll and sediments from The matic Mapper imagery [J]. Remote Sensing of Environment, 1998, 66（2）：153-165.

Kevin G R, Herman J G, Machteld R, et al. Optical remote sensing of chlorophyll a in case waters by sue of an a-daptive two−band algorithm with optimal error properties [J]. Applied Optics, 2001, 40（21）：3 575-3 585.

MOSES W J, GITELSON A A, BERDNIKOV S, et al. Estimation of chlorophyll−a concentration in case II waters using MODIS and MERIS data−successes and challenges [J]. Environmental Research Letters, 2009, 4（4）：549-567.

Oyama Y, Matsushita B, Fukushima T, et al. A new algorithm for estimating chlorophyll−a concentration from multi−spectral satellite data in case II waters：a simulation based on a controlled laboratory experiment [J]. International Journal of Remote Sensing, 2007, 28（7-8）：1 437-1 453.

Quinten Vanhellemont, Griet Neukermans, Kevin Ruddicka. Synergy between polar−orbiting and geostationary sensors：Remote sensing of the ocean at high spatial and high temporal resolution [J]. Remote Sensing of Environment，2014，49-62.

Xu J，Li F，Zhang B，et al. Estimation of chlorophyll-a concentration using field spectral data：a case study in inland Case-II waters，North China［J］. Environmental Monitoring and Assessment，2009，158（1-4）：105-116.

Zhu W，Tian YQ，Yu Q，et al. Using Hyperion imagery to monitor the spatial and temporal distribution of colored dissolved organic matter in estuarine and coastal regions［J］. Remote Sensing of Environment，2013，134：342-54.

9 东西连岛交通环境通达度监测研究

9.1 研究目的和意义

　　一个城市的发达程度，很大的决定因素就是这个城市的交通，交通便利给城市带来的利益是无法估量的。从古至今，交通的发展也是一段很神奇的历程，在如今一个全球化的时代，畅通的交通会让城市间、国家间的各种交流更为频繁、发展更为迅速。交通通达度的研究是让具体的交通更为清楚地展现。一个区域交通通达度的高低往往说明了城市的发达水平和对外交流水平的高低。研究交通通达度也能发现城市规划中有哪些方面存在不足，便于更好地规划城市建设。

　　本研究从区域本身交通道路利用率及与外界获得联系的便利程度两方面来展现该区域交通通达程度，构建较为科学的交通通达度计算模型，运用 ARCGIS10.2 软件，科学客观地评价东西连岛的交通水平，揭示东西连岛交通状况的区域差异与空间格局，希望可以为海州湾东西连岛交通发展规划和人口平均利用空间发展规划提供科学依据和决策支持。

9.2 国内外研究现状

　　国外对于通达性的研究起步于 19 世纪末，到目前为止，国外的学者对交通网络通达性的研究呈现出多尺度、多方法和多时间段的研究特征。多尺度主要体现在国家尺度、区域尺度和城市尺度的研究；多方法主要体现在可达性、分形理论、复杂网络理论、空间句法、拓扑理论以及最短路径等；如日本学者 Murayama 曾研究了 1868—1960 年日本铁路发展对日本城市通达性的影响，欧洲学者 Javier G 曾对欧洲铁路网络的通达性变化进行了评价。比起国内学者，国外学者在对于城市结构、完善道路交通网络关系等方面问题的探讨有着更为科学的解释。

　　国内学者对于交通通达度评价体系的研究，主要是对区域内部自身的通达度或是对于一个区域相对于其相邻区域的交通关系展开研究。基于 GIS 的城市道路通达度的分析，可以更加直观地反映出一个城市的交通现状，对于城市交通规划和管理有着举足轻重的作用。交通通达度的提高不仅方便了交通网络管理，而且也提高了车辆行人的通行效率，已经成为很多现代化国家在道路建设规划管理过程中的重要参考指标。通过道路交通网络的数字化，将该区域道路网矢量化，提取其相关栅格数据，最终实现对东西连岛交通通达度的客观科学计算。相较而言，在各项技术应用领域发展与变化的同时，交通通达度这一概念也是伴随着研究通达性度量方法的不断科学改进和计算尺度的不断完善而趋于更为科学和客观。从之前通过相同时间通过实地距离的长短来基础地衡道路交通通达性转变成如今利用空间、时间、拓扑关系更为科学地衡量某一区域的交通通达性。在此基础上，随着通达度概念的不断具体和科学化，人们开始按不同的交通方式、不同的模型等指标来分别评价通达性。张智林等通过研究中部六省省会交通通达性，采用距离度量法和时间度量法这些方法来衡量某一指定区域的道路交通通达性。曹小曙等用区域最短路径作为研究的出发点，选取距离与时间两个指标以及联系两者的用时指标，来进行区域交通道路通达性研究与讨论。李保杰等引入距离与半径长度模型、建立相关分支数模型以及区域节点之间距离、时间通达度模型、构造计算通达度系数的模型，从地理分布、空间距离关系、时间关系等角度来交通网络的通达程度。刘斌涛等构建了以交通设施技术等级、距离交通枢纽的通行时间和交通线密度3个因子为核心的山区交通通达度测度模型，并引入交通摩擦系数来提高山区交通通达度测算的精度。而旅游交通通达度是考量一个旅游城市开发旅游资源和建设旅游景点发达程度的关键因素，是评价该区域旅游业发达程度的一个重要指标。根据道路网分析所得结果做出该区域缓冲区辐射范围专题图，并对其交通通达度指标进行计算。

因此在全球一体化和经济的飞速发展与交通设施的需求无法满足的冲突不断严峻形势下，城市道路需要满足更多的交通方式，交通网络的研究无论是研究方法上还是研究尺度上均取得了一定的研究成果。从研究尺度上看，大多数研究主要集中在国家尺度和城市内部两个层面上，对于中尺度城乡交通网络通达性的研究相对较少，基于小尺度的研究就更少；从研究方法上看，对交通网络的研究主要采用某种方法从相对单一的角度对交通网络进行定量评价，从而使得评价结论具有一定的片面性。曹小曙等学者分析了国家干线道路网的城市交通通达性变化如何影响城市空间布局；研究人员金凤君对近100多年来铁路交通网的发展以及专业人士对我国空间交通网络发展及区域变化进行了系统的评价；学者薛俊菲从航空交通网的角度对中国城市进行等级分类和对城市体系进行优良的评价；周一星等分析了近年来现代化步伐下的城市结构迅速转变的情况；张智林等专家对一些省会城市的交通通达度进行计算与比较分析，分析了近年来一些城市交通运输方面的转变趋势；吴威、曹有挥等学者对长江周边地区道路网交通通达度进行了计算并加以比较；徐旭等研究人员则分析了在不同通达度模型下穗港城市通达性系数及城市道路的空间规划。曹小曙等以城市自身交通基础设施建设情况和与外界交通畅通程度为两个出发点，引用公路密度、铁路密度与公路距离等多个指标，构建了计算交通通达度的算数模型，张莉等则以上海等发达地区道路交通网为实例验证了计算方法的科学合理性和客观可行性。

随着对道路交通研究的不断发展，交通通达度如今已成为研究城市交通水平的最重要的指标。总结目前的交通通达度研究主要表现于以下几个方面，即如何科学定义、定量评估某一区域交通通达度；如何运用通达度进行道路网空间布局的分析；如何运用通达度来进行城市道路通畅程度的分析；评价通达度对于城市空间布局不断变化的实质性影响。这些问题都将成为交通通达度研究的主要方向。

9.3 通达度核心概念及算法与应用

9.3.1 概念

通达度，主要是指通往四周的交通干线的数量，也就是区域道路交通的发达便利程度。通达度是展现城市内区域交通设施利用水平的数值指数，能够反映城市内区域间相互交通通达性能的高低，其数值取决于市区道路的规模及其出发点与目的地之间的空间距离，也可以是去相同距离的地点所用时间长短的比较。高的交通通达度就是指从某一指定地点到某一指定目的地用时最少、距离最短。交通通达度也是一个区域内的交通畅通程度，是衡量一个区域交通发达程度的重要指标，在某些时候也是一个区域经济发展的象征，同时也是一个城市对外交流水平的直接展现。

计算交通通达度的方法有很多，距离度量法是所有方法中最为通俗的一种，用空间距离、时间长短来计算交通通达性指数。它用出发点与目的地之间的道路间隔，来计算该节点在整个区域的通达性指数，即出发地到所有目的地点的相对通达性的总和。如果该指数低于该区域的平均值，就说明这个节点的交通通达性低于周边区域。在实际道路研究中，相对通达性和总体通达性可分别用直线距离、经过道路的距离或者途中用时来评价该区域的交通通达度。

道路通达度成为影响城市区域发展的重要因素，社会经济的发展、城市空间布局的合理化等都需要建立在交通通达度的研究基础之上，通过通达度分析评估城市区域交流已经成为研究城市的焦点，主要集中于以下几个方面：怎样定义和定量计算某一区域的交通通达度；怎样运用通达度来分析城市道路空间布局的合理科学性；怎么用通达度数值实现对现代化道路网的改进；分析研究交通通达度对城市规划的影响。

9.3.2 交通网络计算模型

9.3.2.1 建立距离与半径长度的计算模型

距离与半径长度模型即定义道路网络长度 $L(r)$ 和研究区域的半径 r，求半径长度与距离长短的数值关系。对于研究区域内的指定区域，节点距离记为 L，影响区域面积为 S，区域体积为 V，GV 是广义体积，D 为欧氏维数，则有如下关系：

$$L1/1 \propto S1/2 \propto V1/3 \propto GV1/D \tag{9-1}$$

当计算一个区域时，假定一个区域的面积为 S，交通网络显示出分形特征，那么根据式（9-1），交通网络的总长 $L(s)$ 与区域面积之间应有以下关系：

$$L(s)1/D \propto S1/2 \tag{9-2}$$

202

假定区域是一个圆形时，那么式（9-2）可以转化为

$$L(r) = L1rD_L \qquad (9-3)$$

式中，r 是半径；$L(r)$ 为半径为 r 区域范围内交通网络长度的总和；$L1$ 为长度指数，D_L 为半径指数。这样可以通过模型分析出该区域与周围区域的距离关系。

9.3.2.2 建立交通网络分支数模型

交通道路网络的畅通程度和道路布置密度由道路交通网络分支数变化率所确定的分支数来展现。分支数的计算方法与上述的距离与半径长度计算方法一样，设置半径为 r 的区域范围内，道路交通网络的分支数为 $N(r)$，则由下式定义：

$$N(r) \propto rDb \qquad N(r) = \sum_{t=1}^{r} n(t) \qquad (9-4)$$

式中，r 是回转半径；$N(r)$ 就是第 t 个节点路网的分支数，指的就是区域内半径为 r 的范围内在节点 t 的分支数总和，Db 为半径指数。则有公式：

$$N(r) = WrDb \qquad (9-5)$$

9.3.2.3 交通道路网的分支数

交通道路网的分支数表示某个区域道路交通网络的布局密度。分支数越高，说明城市交通网络越密集，利用程度越高，城市道路网的畅通程度就越高，单位面积内路网的数量就多；反之，城市交通网络越简单，城市交通网络的畅通性就越低，单位面积内路网的数量就越少。因此，交通道路网的分支数能够反映出道路交通的通达水平。

9.3.3 建立通达度计算模型

9.3.3.1 定义区域距离通达性

即指定区域内某一节点到其他各节点最短距离之和为 Si，该数值越小，表示该节点的距离通达性越好。用 l_{ij} 表示节点 i 到节点 j 的最短距离，则节点的距离可达性定义为：

$$Si = \sum_{j=1}^{n} l_{ij} \quad j = 1, 2, 3, \cdots, n \qquad (9-6)$$

9.3.3.2 定义区域时间通达性

就是相同情况下通过指定路段所需的时间，若一个给定的节点到其他各节点的最短用时之和为 T，该数值越小，就说明该节点的时间通达性越好。用 l_{ij} 表示节点 i 到节点 j 的最短运行时间，则节点 i 的时间可达性定义为：

$$Ti = \sum_{j=1}^{n} l_{ij} \quad j = 1, 2, 3, \cdots, n \qquad (9-7)$$

9.3.3.3　建立通达性系数

首先以 1 为整个区域的标准，将式（9-8）中算的数值与 1 进行比较，若小于 1 则说明该节点的通达性水平高于整个区域的平均水平，这个节点的通达性越高。

$$Ri = \frac{nAi}{\sum_{j=1}^{n} Aj} \qquad j = 1，2，3，\cdots，n \qquad\qquad (9-8)$$

式中，Ai 为距离指标或时间指标所求得的第 i 个节点的通达性取值；Ri 为该节点与整个区域平均通达性系数的比值。

9.4　东西连岛交通环境通达度分析

9.4.1　东西连岛交通现状

东西连岛交通网包括连岛南路、连岛中路、海岛东路和海岛北路等；东西连岛交通网络基础设施以市级道路为主，没有高速公路和铁路经过该区域。由于连岛的地理位置远离大陆，连接外界陆地的只有一条长长的西大堤。

西大堤是连岛对外陆地交通的唯一通道，如果连岛的交通出现了问题，大多也是处在西大堤这条路上。每逢节假日，连岛作为旅游景点，游客们的到来必然会带来一系列的交通问题。实际考察表明在旅游高峰期时会有大小不同的车辆堵在这条长长的西大堤上，因为只有一条来去的道路，所以只要道路一堵就很难疏通。目前急切需要解决这个问题，为西大堤缓解交通压力。

9.4.2　通达度数据来源及数据处理

结合东西连岛地图，通过实地调研找到具体的相关数据，如图 9-1 所示。从地理信息数据云中下载高清东西连岛遥感卫星图，通过 ARCGIS、ENVI 等软件进行图像处理，对研究区域进行裁剪、校正、配准，将海州湾东西连岛交通道路进行矢量化，如图 9-2。在 ARCGIS10.2 中进行网络分析，得到的距离关系用表格统计出来。在交通通达度模型中计算出相应的通达度数值。

9.4.3　东西连岛内部交通网络空间分布

9.4.3.1　东西连岛交通网络距离与半径长度模型计算

在进行连岛交通网络空间分布结果分析时，从网上下载的数据地图较大，但是实际研究的区域面积较小。为此，本文在研究区域道路交通网络距离问题时，在研究区域内分别

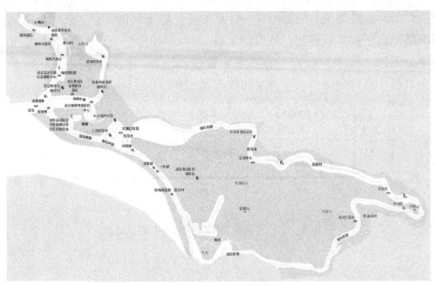

图 9-1 东西连岛示意图

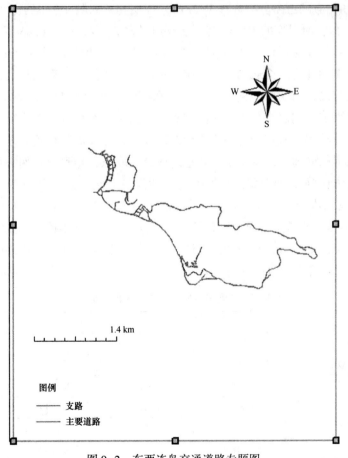

图 9-2 东西连岛交通道路专题图

以几个重要性的标志性建筑、交通枢纽为计算中心，以不同的半径 r 来计算不同范围内的道路交通网络距离之和与分支数，然后将半径（r）和相应的交通网络距离之和 $[L（r）]$ 及交通网络分支数之和 $[N（r）]$ 标在双对数坐标图上，得到对应的点状图，连接点要素形成一条直线，直线的斜率就是要求的数值（图 9-3）。

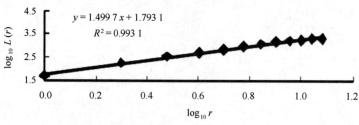

图 9-3　东西连岛交通网路长度—半径双对数

9.4.3.2　东西连岛交通网络的分支数

以东西连岛三亚度假村交通枢纽为计算中心，计算东西连岛交通网络的分支维数，然后将半径（r）和相应的道路分支数 $[N（r）]$ 标明在双对数坐标图上，得到相应的散点图。分支数为 1.19，所对应的 $R^2 = 0.95$，能够通过显著性水平 $\alpha = 0.05$ 下的检验。

最后与国内经济发达城市道路的分支数相比，发达城市交通网络分支数一般都在 1.6 左右，与之相比东西连岛的交通网络分支维数偏低，这主要是由东西连岛的地理位置所决定的，而且东西连岛内有大面积的低山、丘陵和湖泊，严重影响了连岛城市的正常交通。目前东西连岛的发展方向以东部以及东南部和中部为主，东西部道路密度差距比较大。在发展东西连岛的过程中，常年的忽略累积让西部没能抓住发展的机遇。东西连岛道路规划偏重于连岛与外界的联通，却忽略了东西连岛内部的联系，导致靠近西大堤的东连岛明显在经济、交通等方面强于西连岛，产生了岛内的经济差距。以中部三亚度假村为测算中心，计算节点中心不同半径（1 km 为间隔）范围内道路交通网络的总长度和分支数，然后将半径（r）和相应的道路交通网络总长度 $[L（r）]$ 及交通网络分支总数量 $[N（r）]$ 标绘在双对数坐标图上，得到相应的散点图，并统计不同区域的交通网络的距离与半径长度和分支数。统计结果如表 9-1 所示。

表 9-1　交通节点距离与半径长度和分支数

交通节点	D_l	R^2	D_b	R^2
三亚度假村	1.237 5	0.923 5	1.213 4	0.943 2
连云港圣陶度假中心	1.264 7	0.946 5	1.137 2	0.962
厨王海鲜居	1.148 8	0.947 8	1.146 3	0.987 4
连云港海连天假日中心	0.945 6	0.967 2	1.254 4	0.965 4
纳海海鲜居	1.366 7	0.964 3	1.347 9	0.964 32
东连岛渔家	1.546 2	0.996 5	1.576 5	0.997 8

9.4.3.3 节点之间距离和用时的统计

对连岛几个节点相互之间的距离、时间总和的相关数据统计如表9-2所示。

表9-2 节点相互之间的距离、时间总和的统计

主要交通枢纽	到其他各地的距离总和（km）	到其他各地的时间总和（min）
三亚度假村	18.5	148
连云港圣陶假日中心	14	155
厨王海鲜居	14.5	193
连云港海连天假日中心	13.5	157
纳海海鲜居	14.7	176
东连岛渔家	27.2	358
总计	102.4	1 187

9.4.3.4 缓冲区分析

利用ARCGIS10.2上的网路分析，再进行空间插值，求出几个节点的旅游度假中心的影响区域，从路径分析中得到东西连岛几个交通枢纽的缓冲区辐射范围分析结果如图9-4所示。

9.4.3.5 节点的通达度统计

通过量测得到各旅游假日中心为枢纽的节点的距离与用时，代入上述的交通通达度计算模型，利用通达度算法对连岛几个交通节点的距离、时间通达性进行计算，统计结果如表9-3所示。

表9-3 节点的距离、时间通达性统计

主要交通枢纽	距离通达性	时间通达性
三亚度假村	1.09	0.75
连云港圣陶假日中心	0.83	0.78
厨王海鲜居	0.86	0.98
连云港海连天假日中心	0.8	0.8
纳海海鲜居	0.87	0.89
东连岛渔家	1.6	1.81
平均通达性	1.008	1.001

根据距离可达性模型计算出6个节点的距离通达性，其中东连岛渔家节点的值最大，

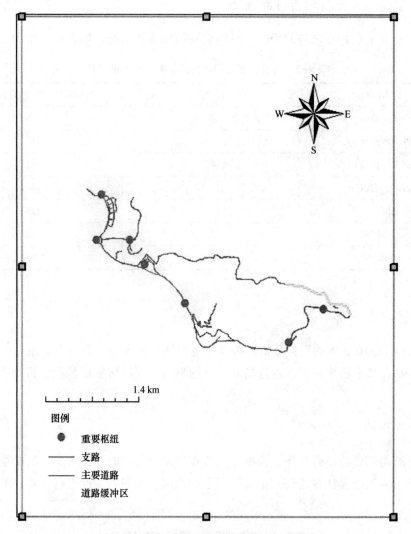

图 9-4　东西连岛交通枢纽辐射区域专题图

为 1.6，其次是三亚度假村节点，为 1.09，连云港海连天度假村节点的距离通达性最小，为 0.8；平均值为 1.008；全部节点的距离通达性为 6.048。利用时间通达性模型计算出 6 个交通枢纽点的时间通达性，最大的节点为东连岛渔家，值为 1.81，其次是厨王海鲜居，值为 0.98；东西连岛全部节点的时间通达性为 6.006，平均值为 1.001。由上述结果可以看出，东连岛渔家节点的距离通达性和时间通达性均最大，说明其通达性较差；东西连岛中节点的距离通达性最小为连云港海连天假日中心，说明连云港海连天假日中心节点到其他节点的距离最短；东西连岛节点的时间通达性最小为三亚度假村，时间总和为 148 min，说明三亚度假村节点到达其他节点所花费的总时间最小，时间通达性最好。

9.4.4 东西连岛各节点与国道、高速路口的距离和用时统计

在连云港市城乡交通网络的基础上，利用 ARCGIS10.2 提供的网络分析（network analyst）扩展模块和上述计算指标，得到连云港市区连岛 6 个交通枢纽点的通达性值，同时为了更为直观地表达上述 3 个通达性指标（时间通达性，距离通达性和通达性系数）的空间分异情况，利用空间插值方法对上述 6 个交通枢纽点的通达性进行空间插值。

9.4.4.1 高速路口 G30 的统计

对几个交通枢纽与高速路口 G30 的距离、时间进行统计，用表 9-4 的形式记录下相关数据。

表 9-4 高速路口 G30 的距离、时间统计

交通枢纽	高速路口	距离（km）	时间（min）
三亚度假村		10	40
连云港圣陶假日中心		7.5	30
厨王海鲜居		8	40
连云港海连天假日中心	G30	7.2	30
纳海海鲜居		11	60
东连岛渔家		14.5	90
总计		58.2	290

9.4.4.2 国道路口 G310 的统计

对几个交通枢纽与国道路口 G310 的距离、时间进行统计，用表 9-5 的形式记录下相关数据。

表 9-5 国道路口 G310 的距离、时间统计

交通枢纽	高速路口	距离（km）	时间（min）
三亚度假村		10.8	50
连云港圣陶假日中心		8.2	40
厨王海鲜居		8.8	40
连云港海连天假日中心	G310	8	40
纳海海鲜居		11.8	60
东连岛渔家		15.3	120
总计		62.9	350

9.4.4.3 国道路口 G228 的统计

对几个交通枢纽与国道路口 G228 的距离、时间进行统计，用表 9-6 的形式记录下相关数据。

表 9-6 国道路口 G228 的距离、时间统计

交通枢纽	高速路口	距离（km）	时间（min）
三亚度假村		14.6	70
连云港圣陶假日中心		12.1	60
厨王海鲜居		12.6	60
连云港海连天假日中心	G228	11.8	60
纳海海鲜居		15.7	90
东连岛渔家		19.2	140
总计		86	480

9.4.5 东西连岛各节点与市区其他景点的距离和用时统计

东西连岛位于连云港东北方，邻近大海，依靠西大堤这条唯一通道连接连云区，除了研究东西连岛内部的交通概况，我们可以通过东西连岛对外交通的便利程度来分析连岛的交通建设。

对连云港道路进行矢量化，画出从东西连岛至各高级景区的最优路径，用量算的方法算出其距离，再根据实际出行算出所用的具体时间。

表 9-7 海州湾东西连岛到连云港各风景区路线与时间统计

旅游景点	到其距离（km）	到其时间（min）	距离通达性	时间通达性	通达度
花果山	40	170	1.047	1.017	1.029
云台山	28	110	0.733	0.659	1.055
高公岛	27.6	140	0.723	0.838	0.862
孔雀沟	42	210	1.099	1.256	0.875
桃花涧	50.8	200	1.331	1.197	1.112
石棚山	47	210	1.231	1.256	0.981
渔湾	32	130	0.838	0.888 9	0.943
总计	267.4	1 170			

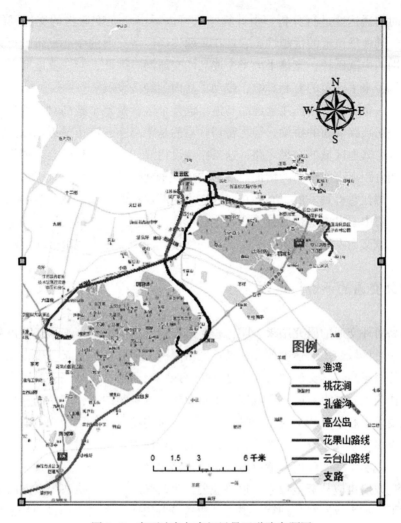

图 9-5 东西连岛与高级风景区道路专题图

9.5 对于未来连岛交通环境的改进建议及评价

9.5.1 东西连岛内部的交通分析

从通达性系数上看，距离通达性系数小于 1 的节点有连云港圣陶假日中心、厨王海鲜居、连云港碧海连天假日中心、纳海海鲜居。由此可以看出，通达性高于全区平均水平的这几个节点，都位居偏西部地区，反映出连岛西部交通通达性明显高于东部。中部接近全区平均水平，而东连岛渔家通达性水平要低于全区的通达性水平，由此可见影响区域通达性的关键因素是节点之间的区位关系。本文通过对旅游交通诵达度计算而对整个区域的距离通达性和时间通达性进行分析。由计算结果可以看出三亚度假村的交通网络通达性较好，主要缘于其地理位置的优越性，它处在东西连岛经济交通的中心地带，可谓是东西连岛内部交通网的中流砥柱，支撑了大半个连岛的交通网。因此，对三亚度假村一带周边地区的产业结构带来了一定的有利影响，带动了岛内的经济发展。

西大堤，一条长长的路连接着连岛与连云港各个区，是整个连岛对外的交通窗口，是连岛与外界一切陆路交通的桥梁。与之密切联系的是距离连云港市最近的东连岛，它是从连岛去连云港市其他区域的必经之路，这条路建设得好，东西连岛就会发展得好。其他区域的通达性随着距离市区距离的增加而逐渐增加，东西连岛渔家离西大堤最远，它处在西连岛边界处，想让它得到发展，必须在东西连岛内部加快建设的步伐，减少东西连岛经济发展的差距，将中心发展地带偏移至东西连岛中部，减轻东连岛的交通、经济压力。改善岛内自身的区域交通发展必须讲究东西部共同发展，用中部作为纽带带动协调发展。

9.5.2 对外交通的评价与建议

东西连岛对外交通的研究结果表明，越靠近连云港市区的景区交通通达度越高。事实证明，决定一个区域交通通达度的往往是该区域周围交通路线的复杂程度以及交通网的密度。道路的等级越高，其交通通行能力越强，该区域交通通达度越高，周围居民出行越方便，连云港作为旅游城市，应该形成以一个重要旅游景点为中心，多个周边风景区围绕的风格，这就要求中心景点的交通必须是重要枢纽，是连接周边景区的中流砥柱。可以在重要的交通节点多建立几个分支，缓解交通枢纽的通行压力。通过对连云港旅游景点的交通现状的研究，说明了要实现连云港市城区交通道路路网完善，提高道路通达度，必须多部门统一协调，政府也应从资金投入、道路规划、市政管理、交通执法等多方面予以保障。

建议如下：加大政府财政预算，提高交通建设费用在整个城市建设费用的比例，提高对城市交通这项最基础设施的投入力度，对现有道路进行现代化科学升级，提高通行能力，合理规划并新建城区主次道路，完善路网布局。海州湾东西连岛交通网络通达性略低于连云港市整体通达性水平是因为该区交通网络基础设施以市级道路为主，没有高速公路和铁路途经该区。因此该区域应加强交通基础设施的建设，提高公路网的覆盖度、密度和网络化程度，加强相邻县城之间、县城至乡镇之间的连通性，为海州湾东西连岛尽快融入连云港都市圈建设、加快东西连岛经济发展提供保障。

9.6 本章小结

（1）通过对于东西连岛内部的交通通达度计算，分析得出东西连岛交通发达程度不同，东部明显高于西部，以中部为中心的交通网遍布全岛，连岛的交通路网主要是围绕几个度假中心而展开的，以度假中心作为交通枢纽节点。

（2）东西连岛对于整个连云港来说，作为一个景点，更多的人是以游客的身份来到这里，这对于交通的要求就会格外高，政府必须加大重视力度，加大交通建设的投入比例，完善道路网络布局。事实证明，决定一个区域的交通通达度的往往是该区域周围交通路线的复杂程度以及交通网的密度。道路的密集程度越高，其带来的通行能力就越强，区域交通通达度越高，周围居民出行就越方便，作为旅游城市的连云港更是如此，交通发达了，游客就会增多，游客增多了，就可以为区域的服务业带来更好的发展。

（3）连岛作为旅游城市的一处重要景区，应该形成以一个重要旅游景点为中心，多个周边风景区围绕的风格，这就要求旅游中心景点的交通必须是重要枢纽，形成周边景区的中流砥柱。可以在重要的交通节点多建立几个分支，缓解交通枢纽的通行压力。建议政府提高对城市交通基础设施的投入力度，对现有道路进行现代化科学升级，用畅通的交通吸引更多的游客。

参考文献：

白永平，陈博文，吴常艳. 关中—天水经济区路网空间通达性分析 [J]. 地理科学进展，2012，31（06）：724-732.

白永平，吴常艳，陈博文. 基于陆路交通网的空间通达性分析——以兰州-西宁城市区域为例 [J]. 山地学报，2013，31（2）：129-139.

曹小曙，薛德升，阎小培. 中国干线公路网络联结的城市通达性 [J]. 地理学报，2005，60（6）：903-910.

曹小曙，张利敏，薛德升，等. 中国城市交通运输发展水平等级差异变动特征 [J]. 地理学报，2007，62（10）：1 034-1 040.

金凤君. 我国航空客流网络发展及其地域系统研究 [J]. 地理研究，2001，20（1）：31-39.

李保杰，顾和和，纪亚洲. 基于GIS的徐州市城乡交通基础设施通达性研究 [J]. 人文地理，2012（6）：76-80.

李强，黄静. 地理信息技术在高中地理教学减负增效中的应用——ARCGIS在区域交通通达度分析中的实践探索 [J]. 时代教育，2014（12）：227-227.

刘斌涛，陶和平，刘邵权，等. 山区交通通达度测度模型与实证研究 [J]. 地理科学进展，2011，30（6）：733-738.

刘承良，余瑞林，熊剑平，等. 武汉都市圈路网空间通达性分析 [J]. 地理学报，2009，64（12）：1 488-1 498.

刘平珍，梁莉，张捷. 基于旅游资源空间结构和市场通达度的旅游区划研究——以江苏沿江旅游发展为例 [J]. 河南科学，2006，24（5）：776-780.

吴威，曹有挥，曹卫东，等. 开放条件下长江三角洲区域的综合交通可达性空间格局 [J]. 地理研究，2007，26（2）：391-402.

徐旭，曹小曙，闫小培. 不同指标下的穗港城市走廊潜在通达性及其空间格局 [J]. 地理研究，2007，26（1）：179-186.

薛俊菲. 基于航空网络的中国城市体系等级结构与分布格局 [J]. 地理研究，2008，27（1）：23-32.

杨家文，周一星. 通达性：概念，度量及应用 [J]. 地理与地理信息科学，1999（2）：61-66.

张宏磊，张捷，曹靖，等. 基于通达度和资源的江苏省旅游发展潜力研究 [C]. 江苏省旅游学会首届学术年会. 2008.

张莉，陆玉麒，赵元正. 基于时间可达性的城市吸引范围的划分——以长江三角洲为例 [J]. 地理研究，2007，2009，28（3）：803-816.

张祎，车自力. 基于 GIS 的咸阳市城区道路通达度研究 [J]. 西北大学学报：自然科学版，2013，43（6）：969-972.

张智林，蒋海荣. 我国中部六省省会城市交通通达性比较研究 [J]. 沈阳师范大学学报：自然科学版，2006，24（4）：495-498.

周敏，甄峰. 苏北运河地区交通可达性分析——兼论苏北运河航运发展策略 [J]. 江苏城市规划，2008（7）.

周一星，杨家文. 九十年代我国区际货流联系的变动趋势 [J]. 中国软科学，2001（6）：85-89.